常备家常菜

李光健/主编

吉林科学技术出版社

作者简介

李光健　中国注册烹饪大师，国际烹饪艺术大师，国家一级评委，国际餐饮专家评委，国家职业技能竞赛裁判员，国家中式烹调高级技师，国家公共高级营养师高级技师，国际餐饮协会专家评委，中国烹饪协会理事，名厨委员会委员。获第六届全国烹饪技能大赛团体金奖、个人金奖，第三届全国技能创新大赛特金奖，首届国际中青年争霸赛金奖，第26届中国厨师节中国名厨新锐奖，2015年年度中国最受瞩目的青年烹饪艺术家，2014年中国青年烹饪艺术家，第七届全国烹饪技能大赛评委。

编委会（排名不分先后）

前　　言

以食表意，以物传情，食物在我们生活中的位置日益提升。今天我们吃饭已经不是为了满足饱腹感，我们吃的是精美，吃的是细腻，吃的是快乐，吃的是温馨，吃的是家的味道。

厨房应该是个充满人间烟火、充满着幸福感和生活趣味的地方。但生活节奏的加快，工作任务的繁忙，已经使我们无法正常体会到在家做饭的乐趣，厨房也离我们渐行渐远。如果每个星期，我们能够抽出几个小时的时间，制作一些常备家常菜，可以使您和家人吃得满足，而且还能吃得健康。

常备家常菜好处多多。一次制作完成，可以保存很多天，能够满足全家人一周的饮食需求；常备家常菜只需要几步就能快速完成，特别适合难以天天下厨的您；只要从冰箱中拿出常备菜，就能轻松完成一餐；刚刚制作完成的常备菜好吃，放凉也适口，发酵后更入味，过几天再吃也美味；蔬菜、肉类、水产、蛋类、豆制品等常见食材均有涉及，烹饪菜式应有尽有。

本着便捷、实用、好学、家常的宗旨，我们为您编写了《常备家常菜》。图书分为常备蔬菌菜、常备畜肉菜、禽蛋豆制品、常备水产菜和常备主食五个篇章，介绍了一百五十余款取材容易、制作简便、营养合理的常备菜肴，对于一些常备菜肴制作中的关键过程，还配以多幅彩图加以分步详解，使您能够抓住重点，快速掌握。

当我们垂涎欲滴地看着常备菜，闻着清香淡雅的美味，因而沉浸在唇齿留香的幸福里时，一天的紧张、压力和疲惫都将烟消云散。

目录 CONTENTS

第一章 常备蔬菌菜

第二章　常备畜肉菜

第三章　禽蛋豆制品

第四章　常备水产菜

第五章　常备主食

友情提示

1/2 小匙≈ 2.5 克	1 小匙≈ 5 克
1/2 大匙≈ 7.5 克	1 大匙≈ 15 克
1/2 杯≈ 125 毫升	1 大杯≈ 250 毫升

第一章

常备蔬菌菜

菠菜花生

菠菜400克，花生米75克，熟芝麻15克

蒜瓣20克，干红辣椒15克，精盐、香油各1小匙，白糖少许，米醋1大匙，植物油适量

1. 菠菜洗净，沥净水分，去掉菜根，切成长段（图1），放入沸水锅内，加入少许精盐焯烫一下，捞出（图2），过凉，沥净水分。
2. 净锅置火上，加入植物油烧热，倒入花生米（图3），用中火炸至花生米颜色变深，捞出，沥油。
3. 蒜瓣去皮，拍碎，剁成蒜末；干红辣椒剪成小段，放在小碗内，淋上烧热的植物油烫出香辣味，凉凉成辣椒油。
4. 将菠菜段放入大碗中，加入花生米（图4），放入精盐、米醋、白糖、香油和辣椒油（图5），加入蒜末，撒上熟芝麻拌匀即可（图6）。

常备泡菜

白萝卜300克，黄瓜100克，胡萝卜、卷心菜各75克

小米泡椒（带汁）25克，精盐1大匙，白糖2小匙，白醋少许，辣椒油适量

1 黄瓜洗净，从中间切开，切成长条，再切成丁（图1）；卷心菜洗净，去掉菜根，切成小块（图2）；小米泡椒切成丁（图3）。

2 白萝卜洗净，削去外皮，去根，先切成长条（图4），再切成1厘米大小的丁；胡萝卜洗净，去根，削去外皮，也切成1厘米大小的丁。

3 白萝卜丁、胡萝卜丁、黄瓜丁、卷心菜块放入容器内，加入小米泡椒丁和小米泡椒的汁（图5）。

4 容器内再放入精盐、白糖和白醋搅拌均匀（图6），放入冰箱内，冷藏腌泡24小时，食用时取出，淋上辣椒油即成。

香辣萝卜条

白萝卜500克，小米椒25克，熟芝麻15克，香葱10克

蒜瓣15克，精盐1小匙，米醋1大匙，生抽2小匙，香油1/2大匙

1 小米椒洗净，去蒂，切成小米椒圈（图1）；蒜瓣去皮，剁成碎末；香葱洗净，切成香葱花。

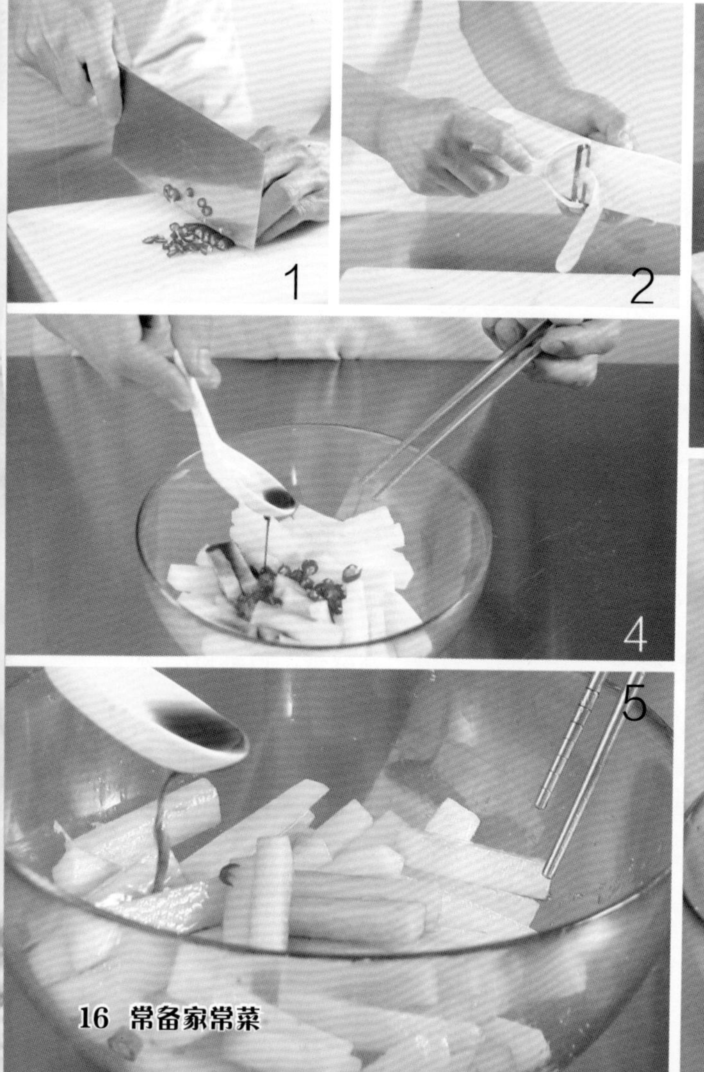

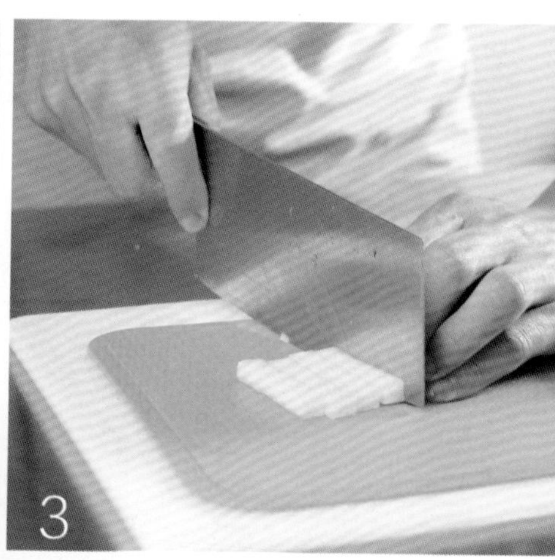

2 白萝卜洗净，擦净表面水分，去根，削去外皮（图2），切成大块，再切成1厘米大小的长条（图3），加入少许精盐搓揉均匀，腌渍20分钟。

3 将白萝卜条攥净水分，放入干净的容器内，加入小米椒圈、精盐、生抽调拌均匀（图4）。

4 容器内再加入蒜末、米醋和香油（图5），充分搅拌均匀（图6），放入冰箱内腌渍2小时，食用时取出白萝卜条，撒上香葱花和熟芝麻，淋上少许味汁即成。

醋腌萝卜

白萝卜1根，红尖椒25克，香葱15克，芝麻少许

精盐1小匙，米醋2大匙，白糖1大匙，生抽2小匙

1 红尖椒去蒂，去籽，洗净，切成小粒；香葱去根和老叶，洗净，切成香葱花。

2 将白萝卜洗净，去掉菜根（图1），削去外皮，先顺长切成两半（图2），表面剞上一字刀，再把白萝卜切成0.5厘米厚的片（图3）。

3 净锅置火上烧热，放入芝麻，用小火炒2分钟，取出，凉凉成熟芝麻。

4 把白萝卜片放在大碗中，加入精盐拌匀（图4），腌渍出水分，加上生抽和白糖（图5），倒入米醋拌匀（图6），腌渍30分钟，加入红尖椒粒、香葱花和熟芝麻即可。

酱汁土豆

原料　调料

土豆500克

黄酱2大匙，酱油1大匙，鸡精、味精各少许，香油1小匙，植物油适量

1. 土豆刷洗干净，沥水，削去外皮，用小刀切成球状；黄酱放入小碗内，加上少许清水搅拌均匀成黄酱汁。
2. 锅内加上植物油烧热，下入黄酱汁炒出香味，加入酱油和适量清水熬煮成酱汁，加入土豆球、鸡精和味精。
3. 用小火酱焖至土豆球熟透，离火，淋入香油并拌匀，装盘上桌即可。

梅汁小番茄

原料　调料

樱桃番茄（小番茄）500克，九制话梅25克

蓝莓酱2大匙，蜂蜜1大匙，糖桂花少许

1. 樱桃番茄去蒂，洗净，放入沸水锅内，用旺火焯烫2分钟，捞出樱桃番茄，剥去外皮。
2. 九制话梅放入小碗内，加入少许清水浸泡20分钟，捞出九制话梅，沥净水分。
3. 把九制话梅与樱桃番茄放入容器内，加上蜂蜜、糖桂花和蓝莓酱调拌均匀，放入冰箱内冷藏保鲜，食用时取出，直接上桌即可。

蓑衣黄瓜

黄瓜500克，熟芝麻15克，小米椒10克，香葱25克

蒜瓣15克，精盐1小匙，生抽、米醋各1大匙，香油2小匙

1 将黄瓜洗净，切去头尾，由一端开始下刀，切至黄瓜的2/3处（图1）（注意不要切断，一直将整条黄瓜切完），把黄瓜翻转一下，继续从头切到尾，即为蓑衣黄瓜（图2）。

2 小米椒洗净，去蒂，切成椒圈（图3）；蒜瓣去皮，剁成蒜末；香葱择洗干净，切成香葱花。

3 将蓑衣黄瓜放入容器内，加入少许精盐拌匀（图4），腌渍30分钟；把生抽、精盐、香油、米醋、小米椒圈、蒜末放在容器内，搅拌均匀成味汁（图5）。

4 把腌渍好的蓑衣黄瓜轻轻攥净水分，码放在深盘内，淋上调好的味汁（图6），撒上香葱花和熟芝麻即成。

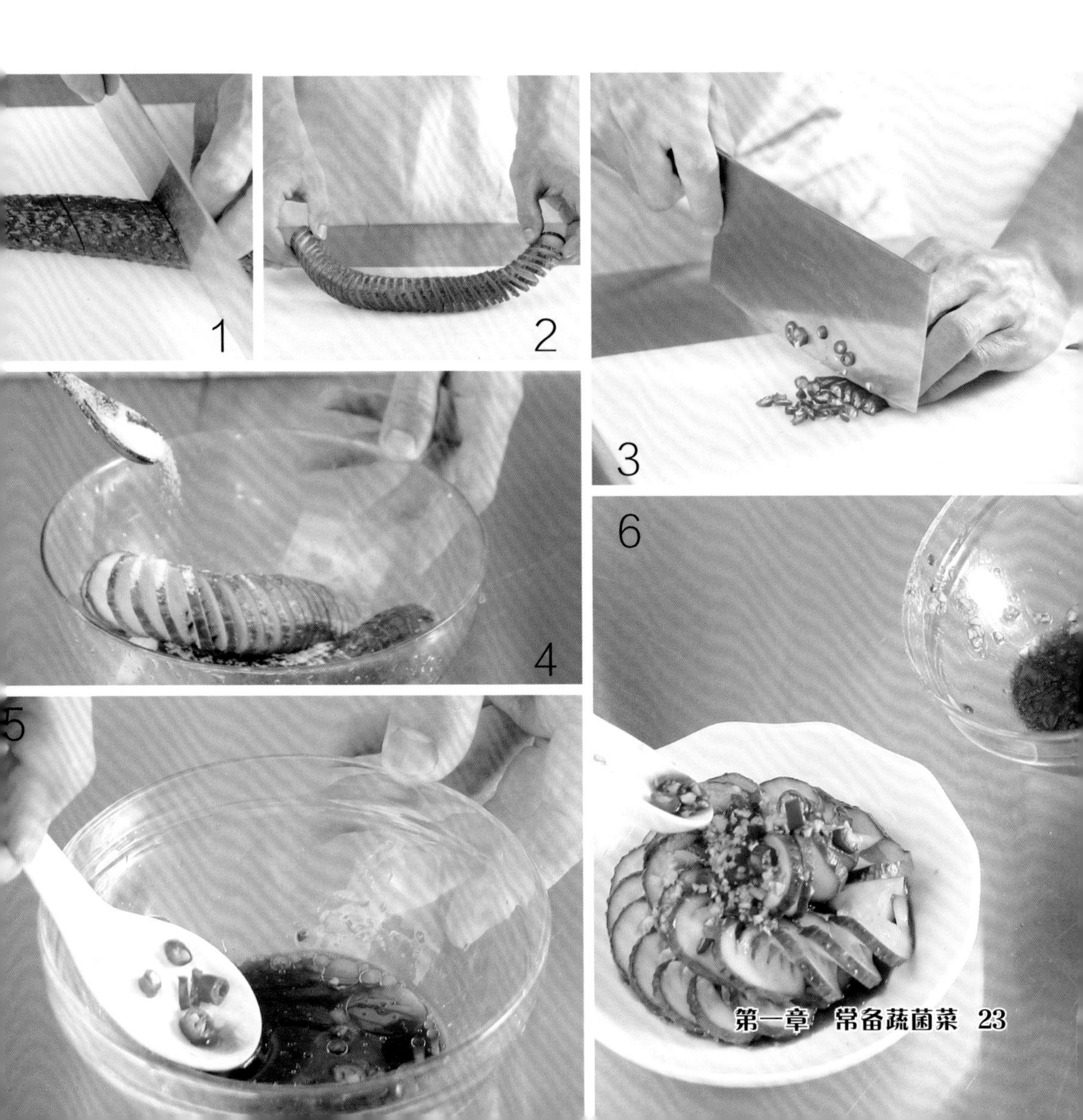

桂花糯米藕

莲藕500克，糯米150克

桂花酱2大匙，蜂蜜1大匙

1 糯米淘洗干净，放在容器内，倒入清水浸泡2小时；莲藕刷洗干净，削去外皮。

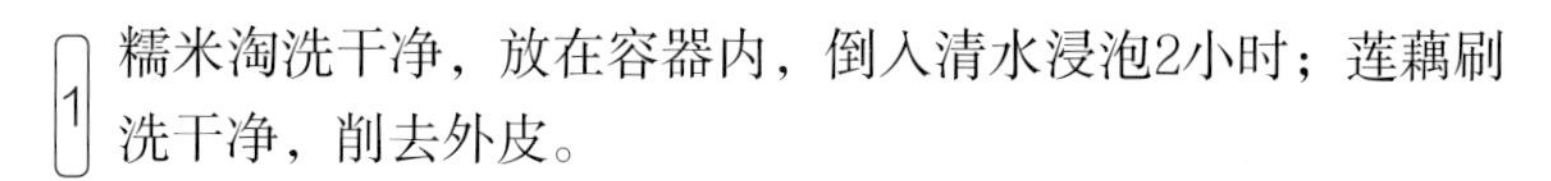

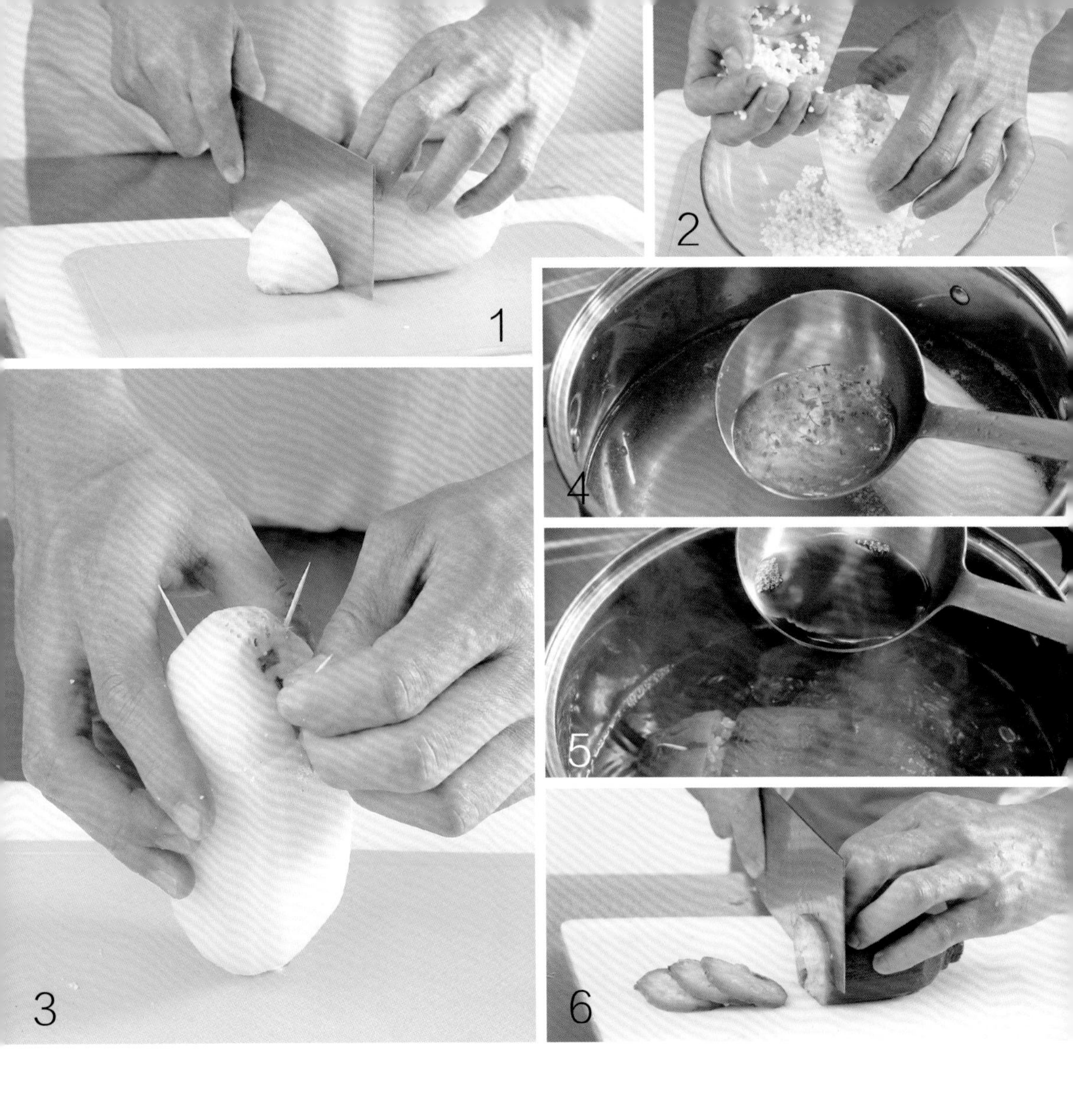

2 莲藕放在案板上，在莲藕较粗的一端4厘米处切开（图1），把糯米顺着莲藕的小孔灌进去（图2），盖上切下来的莲藕头，用牙签固定莲藕成糯米藕生坯（图3）。

3 把加工好的糯米藕生坯放在沸水锅中，加入少许桂花酱和蜂蜜（图4），用小火煮40分钟至糯米藕熟香（图5）。

4 捞出糯米藕，凉凉，食用时切成圆片（图6），码放在盘内，淋上少许桂花酱即可。

时蔬紫菜卷

原料 调料

菠菜150克，绿豆芽100克，胡萝卜50克，紫菜2张，鸡蛋3个

精盐、芥末、香油各1小匙，白糖、酱油各2小匙，芝麻酱2大匙，白醋、水淀粉各1大匙

1. 菠菜洗净，切成段；胡萝卜去皮，切成细丝；绿豆芽择洗干净，分别放入沸水锅内焯烫一下，捞出，过凉；芝麻酱、酱油、白醋、白糖、香油、芥末、精盐放入碗内调匀成味汁。
2. 鸡蛋磕入碗内，加入精盐和水淀粉拌匀成鸡蛋液，倒入净锅内摊成鸡蛋皮，取出。
3. 紫菜放在案板上，摆上鸡蛋皮，放上菠菜段、胡萝卜丝、绿豆芽卷成时蔬紫菜卷，切成段，码放在盘内，随味汁一同上桌蘸食即可。

糖蒜

原料　调料

新鲜大蒜500克

白酒1大匙，白醋3大匙，冰糖100克，蜂蜜少许

1. 新鲜大蒜逐个剥去外层老皮（留下最后2层），去掉根须，用清水洗净，沥净水分。
2. 净锅置火上，加入适量清水，放入冰糖煮至溶化，加入白醋、白酒和蜂蜜调匀，出锅，凉凉成腌泡汁。
3. 把大蒜码放在容器内，倒入腌泡汁，盖上容器盖，置阴凉处冷藏，一般浸泡2周即可。

蓝莓山药

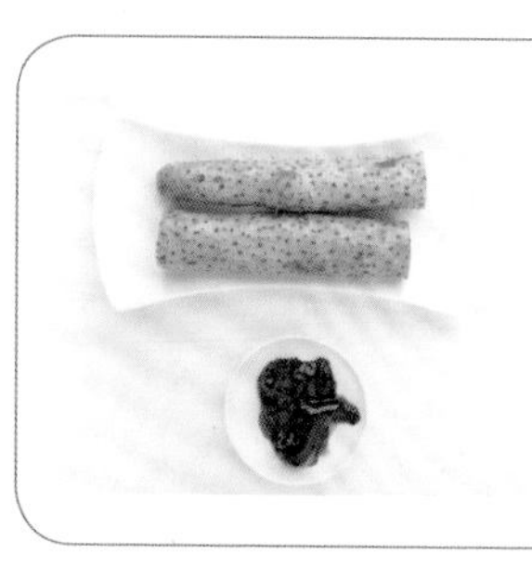

山药500克

蓝莓酱2大匙，白糖1大匙，糖桂花2小匙，蜂蜜少许

1 净锅置火上，加入蓝莓酱、白糖、糖桂花、蜂蜜和少许清水熬煮几分钟，离火，搅拌均匀成蓝莓酱汁（图1）。

2 山药刷洗干净，擦净表面水分，削去外皮（图2），放入清水中浸泡几分钟，捞出山药，放在案板上，切成滚刀块（图3）。

3 净锅置火上，加入适量清水煮至沸，倒入山药块，用旺火煮约3分钟至熟（图4），捞出山药块，放入冷水中浸泡10分钟（图5）。

4 捞出山药块，沥净水分，码放在深盘内，淋入蓝莓酱汁（图6），食用时拌匀即可。

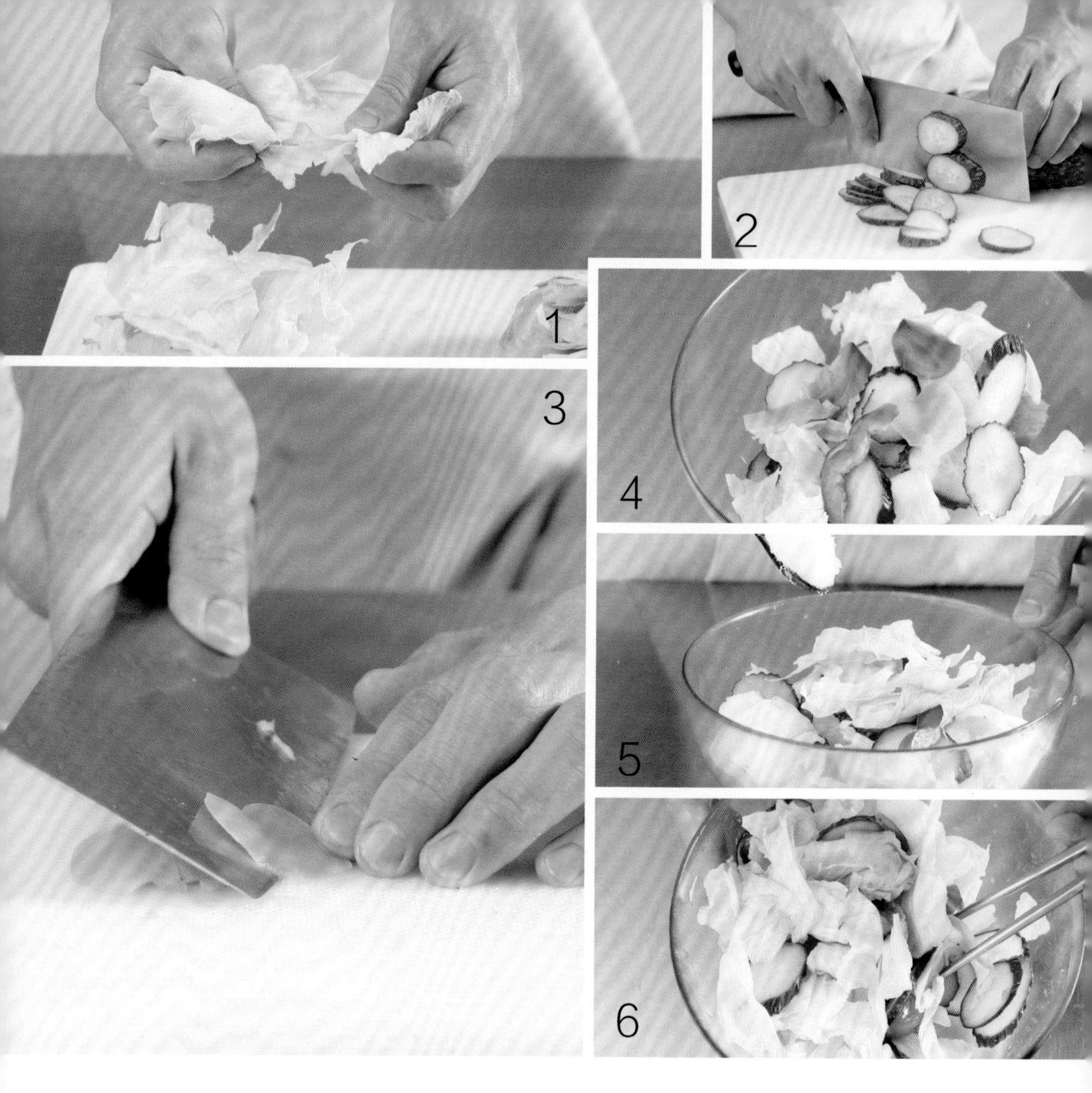

爽口时蔬

生菜200克，黄瓜75克，樱桃番茄、黄椒、红椒各50克，芝麻15克

精盐1小匙，白糖2大匙，白醋1大匙，香油2小匙

1 生菜择洗干净，取生菜嫩叶，撕成小块（图1）；黄瓜用淡盐水浸泡并刷洗干净，沥净水分，切成片（图2）。

2 樱桃番茄去蒂，洗净，沥水，切成两半；黄椒、红椒分别洗净，去蒂，切成小块（图3）；芝麻放入热锅内煸炒至熟，取出，凉凉。

3 把生菜块、黄瓜片、樱桃番茄、黄椒块、红椒块放在容器内（图4），加入精盐拌匀，再放入白醋和白糖（图5）。

4 用筷子充分搅拌均匀（图6），放入冰箱内冷藏，食用时取出，撒上熟芝麻，淋入香油，装盘上桌即可。

辣酱黄瓜卷

原料　调料

黄瓜、胡萝卜各1根，白梨1个，熟芝麻少许

蒜末5克，精盐1/2大匙，甜辣酱2大匙，香油 1大匙

1 胡萝卜去根，洗净，切成细丝，加入精盐腌制片刻，攥干水分；白梨洗净，削去外皮，切成细丝；黄瓜洗净，用刮皮刀刮成长条片。

2 取大碗，加入甜辣酱、香油、蒜末和少许精盐调匀，再放入胡萝卜丝和熟芝麻拌匀。

3 黄瓜片放在案板上铺平，放上少许拌匀的胡萝卜丝和白梨丝，卷起成黄瓜卷（逐个卷好），码入盘中即可。

鲜吃秋葵

原料　调料

秋葵500克

蒜瓣25克，精盐、香油各1小匙，生抽、甜面酱各1大匙，芥末油2小匙，酸甜酱1小碟

1. 秋葵洗净，去蒂，顺长切成两半；蒜瓣去皮，剁成蒜末。
2. 净锅置火上烧热，倒入适量清水煮至沸，放入秋葵和少许精盐焯烫一下，捞出，过凉，沥净水分，码放在盘内。
3. 将蒜末、精盐、香油、芥末油、甜面酱、生抽放在小碟内拌匀成酱味汁，与酸甜酱、秋葵一起上桌蘸食即可。

清鲜虫草花

鲜虫草花400克，大葱40克，香菜少许

蒜末5克，精盐1小匙，米醋2小匙，香油1/2大匙

1. 鲜虫草花洗净，沥水，切去根部（图1），再放入清水中浸泡10分钟。

2. 大葱去根和叶，留葱白部分，先切成小段，再切成细丝（图2）；香菜取嫩叶，洗净，沥水。

3. 净锅置火上，加入适量的清水和少许精盐烧沸，倒入虫草花（图3），用旺火焯烫2分钟，捞出虫草花，放入冷水中浸泡5分钟（图4）。

4. 取出虫草花，沥净水分，放在容器内，加入葱白丝、精盐、米醋、香油和蒜末搅拌均匀（图5），码放在盘内，摆上香菜叶即成（图6）。

冰糖双耳

红枣100克，木耳10克，银耳5克，枸杞子15克

冰糖2大匙

1 红枣用清水洗净，去掉枣核，放入蒸锅内蒸10分钟，取出；枸杞子择洗干净。

2 把木耳放入大碗中，加入清水（图1），浸泡至涨发，捞出木耳，去掉蒂，撕成小块（图2），放入沸水锅内焯烫一下，捞出木耳块，沥水。

3 银耳放入大碗中，倒入清水浸泡至涨发，捞出银耳，去掉银耳的硬底（图3），再把银耳撕成小朵（图4），放入沸水锅内焯烫一下，捞出，沥水。

4 净锅置火上，放入清水、银耳块和木耳块，烧沸后倒入冰糖（图5），加入红枣，用小火熬煮1小时（图6），加入枸杞子稍煮即可。

鲜香黄蘑

原料　调料

鲜黄蘑1000克

精盐2小匙，味精1/2小匙，五香粉1小匙，酱油2大匙

1. 鲜黄蘑洗净，放入沸水锅内焯烫5分钟，捞出，放入淡盐水中浸泡10分钟，取出。
2. 把黄蘑择去蘑柄，洗净，沥水，撕成长条，加入精盐拌匀。
3. 将黄蘑攥干水分，放入容器内，加入酱油、精盐、味精和五香粉拌匀，盖上容器盖，置于阴凉通风处腌泡24小时至入味，食用时取出黄蘑，装盘上桌即可。

酱味香菇

原料　调料

鲜香菇750克

精盐2小匙，味精1小匙，白糖2大匙，酱油1大匙，糖色少许，清汤适量

1. 鲜香菇去除菌蒂，放入清水盆内，加入白糖和少许精盐揉搓均匀，再换清水洗净。
2. 净锅置火上烧热，加入清汤、糖色、酱油、精盐、白糖和味精调匀，用中小火熬煮15分钟成酱味汁。
3. 酱味汁锅内放入鲜香菇烧沸，转小火酱约10分钟，转旺火收浓汤汁，离火，捞出香菇，码放在碗内，淋上少许酱汁即可。

香菇焖花生

鲜香菇400 克，花生（带壳）250克

葱花、葱段各15克，八角、香叶各少许，精盐、酱油、白糖、蚝油、植物油各适量

1 鲜香菇去掉菌蒂（图1），放入沸水锅内焯烫2分钟，捞出香菇，沥净水分（图2）。

2 带壳花生刷洗干净，放入清水锅内烧沸，加入精盐、葱段、八角、香叶，用中火煮至花生熟香（图3），捞出花生，剥去外壳（图4）。

3 净锅置火上，加上植物油烧至五成热，下入葱花、蚝油炒出香味，放入精盐、酱油、白糖和清水烧沸（图5）。

4 加入香菇和花生，用小火烧焖至入味，改用旺火收浓汤汁（图6），出锅上桌即可。

蚝油山菌

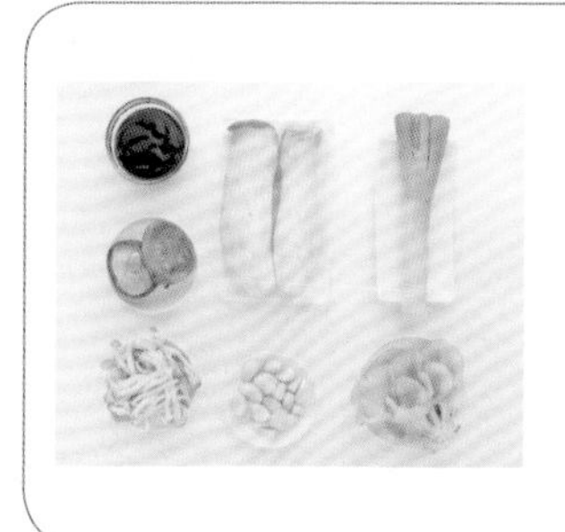

杏鲍菇200克，鲜平菇、鲜香菇、蟹味菇各75克，青椒块、红椒块各少许

葱花、蒜片各10克，精盐、白糖各1小匙，蚝油2大匙，水淀粉、植物油各适量

1 蟹味菇洗净，切去根部；鲜平菇去根，撕成小块；杏鲍菇洗净，切成大片（图1）；香菇洗净，切成小块（图2）。

2 锅内加入清水和少许精盐烧沸，倒入蟹味菇、鲜平菇块、杏鲍菇片和香菇块焯烫2分钟（图3），捞出，沥净水分。

3 炒锅置火上，加入植物油烧至六成热，倒入蟹味菇、鲜平菇块、杏鲍菇片和香菇块（图4），用中火炸2分钟，捞出蟹味菇、鲜平菇块、杏鲍菇片和香菇块，沥油。

4 锅内留底油烧热，放入葱花、蒜片，倒入蟹味菇、鲜平菇块、杏鲍菇片、香菇块、精盐、白糖和蚝油炒匀（图5），用水淀粉勾芡，加入青椒块和红椒块即成（图6）。

翡翠木耳

原料　调料

菜心100克，红椒1个，木耳10克

蒜瓣10克，精盐1小匙，生抽2小匙，植物油1大匙

1. 木耳放到大碗中，倒入清水浸泡至涨发，取出木耳，去掉菌蒂，撕成小块，放入沸水锅内焯烫3分钟，捞出，沥水。
2. 菜心洗净，沥水，去掉菜根，切成小段；红椒去蒂，去籽，洗净，切成细条；蒜瓣去皮，切成蒜片。
3. 锅内放入植物油烧热，放入蒜片煸香，放入菜心段、水发木耳块炒匀，放入精盐、生抽调好口味，出锅，加上红椒条拌匀即可。

泡椒山野菜

原料　调料

山野菜500克，野山椒150克，泡椒15克

精盐1小匙，味精、胡椒粉各1/2小匙，白醋2小匙

1. 野山椒洗净，去蒂，放入搅拌器中打碎，取出；泡椒择洗干净。
2. 山野菜洗净，放入沸水锅中焯烫一下，捞出，过凉，沥净水分，切成段。
3. 把山野菜段放入容器中，加入打碎的野山椒碎，放入泡椒拌匀，加入精盐、味精、胡椒粉、白醋调拌均匀即可。

五彩桔梗

干桔梗125克，青椒、红椒、黄椒各25克，黑芝麻10克

精盐2小匙，鸡精少许，香油1小匙，辣椒油1大匙

1. 干桔梗放在容器内，倒入温水（图1），浸泡6小时，捞出桔梗，加入少许精盐揉搓以去掉苦味，再换清水漂洗干净，长的桔梗切成两段（图2）。

2. 青椒、红椒、黄椒分别去蒂，去籽，洗净，切成细丝；黑芝麻放入热锅内煸炒至熟香，取出。

3. 净锅置火上，放入清水和少许精盐烧沸，倒入桔梗焯烫3分钟，捞出桔梗（图3），用冷水过凉，沥净水分。

4. 把桔梗、青椒丝、红椒丝和黄椒丝放入容器内（图4），加入鸡精、香油、辣椒油和精盐拌匀（图5），食用时撒上黑芝麻，装盘上桌即成（图6）。

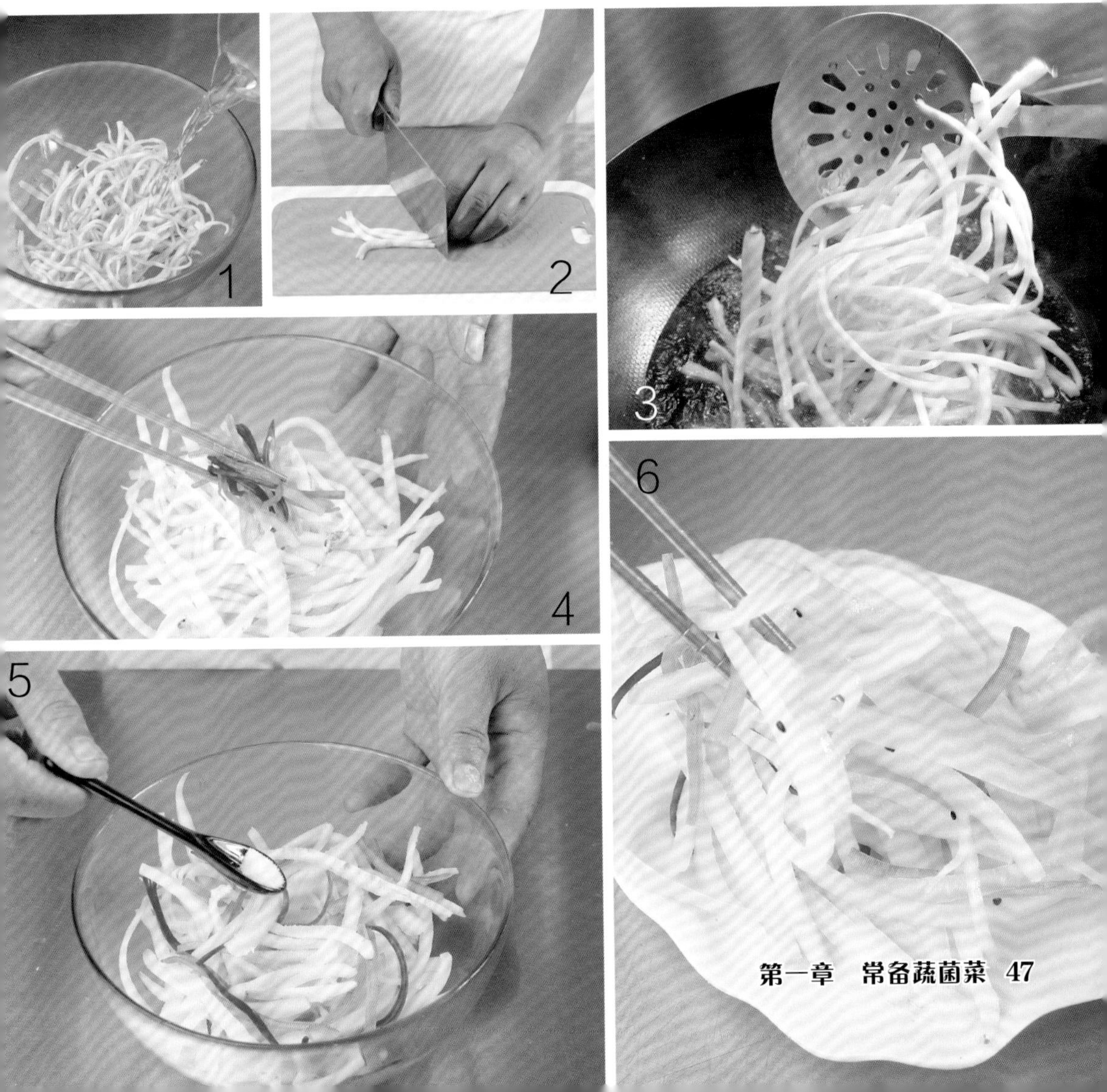

五香杏仁

鲜杏仁片300克，黄瓜100克，胡萝卜75克

花椒3克，精盐1小匙，白糖少许，香油2小匙，植物油1大匙

1 净锅置火上，加入植物油烧至六成热，放入花椒炸至煳，捞出花椒不用，把热油倒在小碗内，凉凉成花椒油。

2 胡萝卜洗净，削去外皮，去根，先切成长条（图1），再切成小丁（图2）；黄瓜刷洗干净，擦净水分，放在案板上，先切成长条（图3），再切成小丁。

3 净锅置火上，倒入清水烧沸，加入鲜杏仁片和少许精盐焯烫3分钟，捞出杏仁片（图4），沥净水分。

4 将杏仁片、黄瓜丁、胡萝卜丁放入容器内拌匀（图5），加入精盐、白糖，淋上香油（图6），充分搅拌均匀，淋上花椒油即成。

第二章

常备畜肉菜

花椒肉

带皮猪五花肉500克，彩椒丝少许

花椒15克，干红辣椒5克，大葱、姜块各10克，精盐、老抽、酱油、料酒、白糖、水淀粉、植物油各适量

1. 姜块去皮，切成大片；大葱洗净，切成葱段；带皮猪五花肉刮净绒毛，洗净血污，切成大块，放入清水锅内，加入少许姜片煮15分钟，撇去浮沫（图1），捞出，擦净水分。

2. 花椒、干红辣椒、精盐放在捣蒜器内捣烂成碎粒（图2）；带皮猪五花肉块放入热油锅内炸3分钟，捞出（图3）。

3. 将炸好的五花肉块凉凉，切成大小均匀的片（图4），猪肉皮朝下码放在大碗内，加入葱段、姜片、花椒碎、精盐、料酒、白糖、酱油和老抽（图5）。

4. 把五花肉片放入蒸锅内（图6），用旺火蒸1小时至熟香入味，取出，扣在深盘内；蒸五花肉的汤汁滗入锅内烧沸，用水淀粉勾芡，淋在五花肉片上，撒上彩椒丝点缀即成。

腐汁烧肉

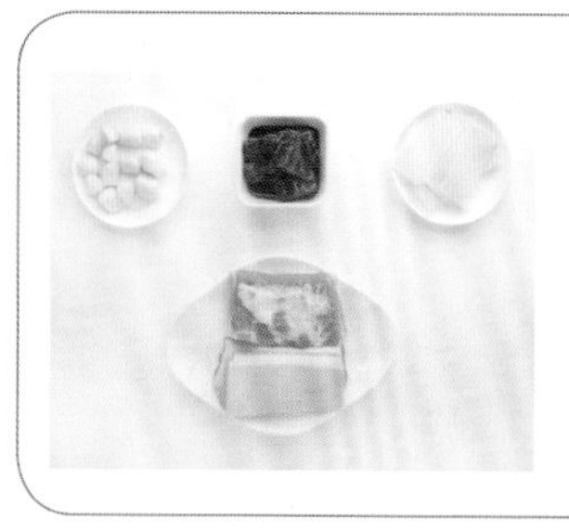

带皮猪五花肉500克

香葱、蒜瓣、姜片各15克，八角5个，腐乳1块，腐乳汁、精盐、老抽、白糖、植物油各适量

1 香葱择洗干净，切成香葱花；把腐乳、腐乳汁放在大碗内，加入老抽和少许清水，碾压成腐乳浓汁。

2 带皮猪五花肉刮洗干净，切成3厘米见方的肉块（图1），放入沸水锅内焯烫5分钟，撇去锅中的血沫，捞出五花肉块，沥净水分（图2）。

3 炒锅置火上，倒入植物油烧热，放入姜片、八角、蒜瓣炒香（图3），放入五花肉块翻炒均匀（图4）。

4 放入调好的腐乳浓汁，加入清水没过五花肉块（图5），放入精盐、白糖烧沸，用中小火烧焖至五花肉块熟香，改用旺火收浓汤汁（图6），出锅，撒上香葱花即可。

豆豉千层肉

原料　调料

带皮猪五花肉750克

葱段、姜丝各25克，精盐、味精各1/2大匙，酱油1大匙，豆豉2大匙，白糖、料酒、清汤、植物油各适量

1. 带皮猪五花肉刮净残毛，冲洗干净，放入清水锅中，用中火煮至六分熟，捞出猪五花肉，沥净水分。
2. 净锅置火上，加上植物油烧至六成热，放入带皮猪五花肉块炸上颜色，捞出，凉凉，切成大薄片，码放在大碗中。
3. 加入豆豉、葱段、姜丝、精盐、酱油、料酒、味精、白糖和清汤调匀，放入蒸锅内，旺火蒸1小时至熟香，取出，扣入盘中即可。

烧蒸扣肉

原料　调料

带皮猪五花肉750克

葱段、姜片各5克，花椒、八角各少许，精盐、味精各1小匙，料酒、酱油、白糖、冰糖、水淀粉、糖色、植物油各适量

1. 带皮猪五花肉刮洗干净，放入沸水锅内煮至断生，捞出，冲净，在皮面抹上糖色，放入热油锅内炸上颜色，捞出，沥油。
2. 猪五花肉切成大片，码入深盘中，加入料酒、酱油、精盐、白糖、冰糖、味精、葱段、姜片、花椒、八角和清水，上屉蒸45分钟，取出。
3. 拣出深盘中的葱姜、花椒、八角不用，滗出原汤，把猪五花肉片扣在盘中；把原汤倒入净锅中烧沸，用水淀粉勾芡，浇在五花肉片上即可。

清炖狮子头

带皮猪五花肉500克，油菜50克，枸杞子5克，鸡蛋1个

小葱15克，姜块10克，精盐2小匙，面粉1大匙，胡椒粉、香油各少许

1 姜块洗净，去皮，切成细末（图1）；小葱去根和老叶，洗净，取一半切成末，另一半切成小段。

2 油菜洗净，去掉菜根，顺长切成小段；枸杞子择洗干净；带皮猪五花肉去皮（图2），剁成肉末。

3 肉末放入容器内，加入少许精盐、姜末、葱末搅拌均匀（图3），磕入鸡蛋，加入面粉（图4），放入少量清水，搅拌均匀成馅料，团成直径8厘米大小的大丸子（图5）。

4 砂锅置火上，加入清水、小葱段、枸杞子和大丸子烧沸，用小火煮30分钟至熟（图6），加入精盐、胡椒粉调好口味，加入油菜段，淋上香油即成。

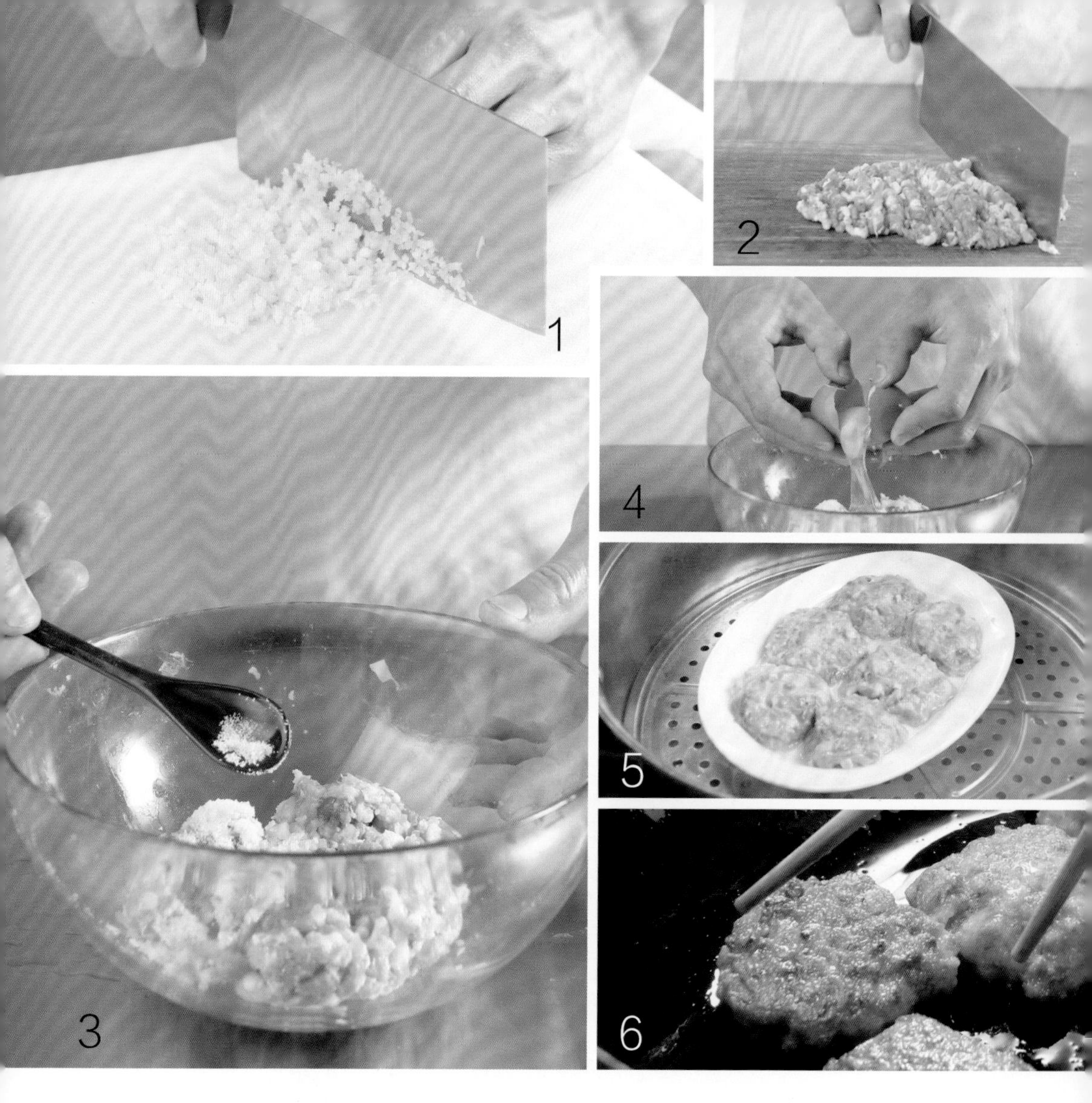

香煎肉饼

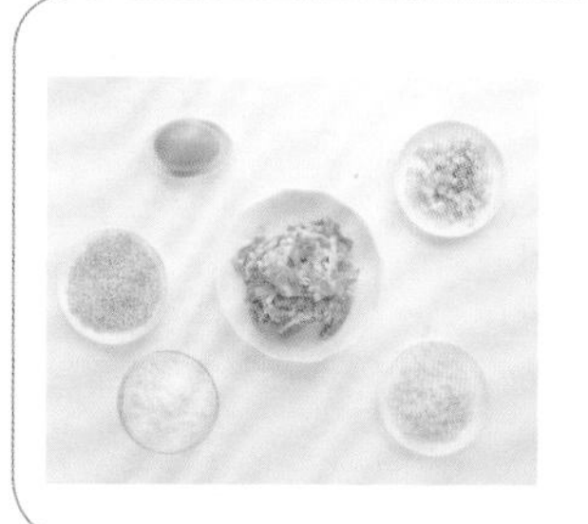

猪肉末400克，鸡蛋1个

大葱、姜块各10克，精盐1小匙，料酒、淀粉各1大匙，五香粉、胡椒粉、香油各少许，植物油2大匙

1 大葱择洗干净，切成碎末；姜块去皮，洗净，也切成碎末（图1）。

2 猪肉末放在案板上，再轻轻剁几刀使肉末细腻（图2），放在容器内，加上姜末、葱末和精盐（图3），磕入鸡蛋（图4），放入料酒、五香粉、胡椒粉、香油、淀粉搅拌均匀成猪肉馅料。

3 把猪肉馅料团成直径4厘米大小的丸子，再按压成肉饼，放在盘内，上屉（图5），用旺火蒸10分钟，出锅。

4 净锅置火上，加入植物油烧热，放入蒸好的肉饼，用中火煎至色泽黄亮（图6），出锅上桌即可。

红烧肉丸

原料　调料

猪肉末400克，净油菜50克，鸡蛋1个

葱末、姜末各15克，精盐、五香粉、胡椒粉、味精各少许，酱油、料酒、水淀粉各1大匙，香油2小匙，面粉2大匙，植物油适量

1 猪肉末放在容器内，磕入鸡蛋，加入葱末、姜末、精盐、胡椒粉、香油、料酒、面粉搅拌均匀成猪肉馅料。

2 净锅置火上，加入植物油烧热，把猪肉馅料团成丸子，放入油锅内冲炸一下，取出。

3 锅内留少许底油烧热，加入葱末、姜末、精盐、料酒、酱油、五香粉、味精和清水烧沸，倒入丸子，用小火烧焖至熟，放入净油菜，用水淀粉勾芡，淋上香油即可。

百花酒焖肉

原料　调料

带皮猪五花肉750克，净西蓝花瓣75克

葱段、姜片各15克，精盐2小匙，味精1小匙，白糖、百花酒各3大匙，酱油2大匙

1. 带皮猪五花肉刮洗干净，切成大小均等的方块，在每块肉皮上剞上十字花刀，放入清水锅内焯烫几分钟，取出，沥水。
2. 砂锅内垫入竹箅，放入葱段、姜片，将五花肉块皮朝上放入砂锅内，烹入百花酒，加入清水、酱油、白糖、精盐和味精烧沸。
3. 盖上砂锅盖，用小火焖1小时至酥烂，转旺火收浓汤汁，取出，装盘，用焯烫好的净西蓝花瓣加以点缀即可。

糖醋排骨

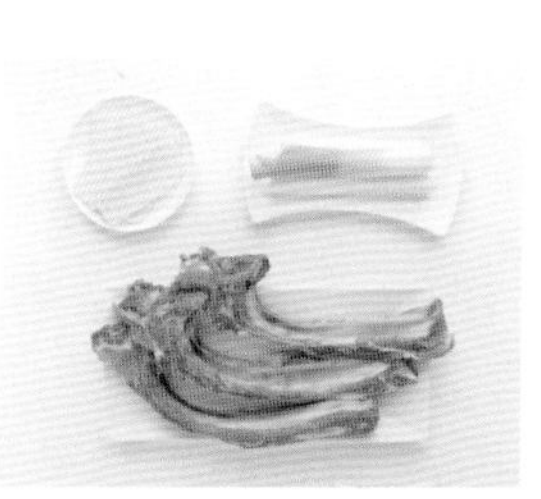

猪排骨750克

葱段、姜片各15克，精盐1/2小匙，番茄酱、白糖各2大匙，料酒、米醋各1大匙，酱油、香油各少许，淀粉、植物油各适量

1 将猪排骨洗净血污，擦净表面水分，剁成4厘米大小的块（图1），放入清水锅内，用旺火焯烫3分钟，撇去浮沫和杂质，捞出排骨块（图2），换清水洗净。

2 净锅置火上，加入植物油烧至五成热，加入葱段、姜片炝锅出香味，倒入排骨块煸炒片刻。

3 烹入料酒，加入酱油、少许精盐、白糖和清水烧沸，用中火烧焖20分钟，捞出排骨块，加上淀粉拌匀（图3），放入热油锅内冲炸一下，捞出，沥油（图4）。

4 净锅复置火上，加上清水、精盐、番茄酱、白糖和米醋炒至浓稠（图5），倒入炸好的排骨块翻炒均匀（图6），淋上香油，出锅上桌即可。

豆豉蒸排骨

猪排骨400克

豆豉25克，香葱花、蒜瓣各15克，酱油1大匙，豆瓣酱、胡椒粉、香油各少许，白糖、淀粉各2小匙

1 猪排骨洗净血污，擦净表面水分，剁成块（图1）；豆豉剁成碎末；蒜瓣去皮，切成末。

2 把排骨块放在干净容器内（图2），加入豆豉碎末、蒜末拌匀（图3），再加入胡椒粉、豆瓣酱、香油、酱油、白糖和淀粉搅拌均匀（图4），腌渍15分钟。

3 将腌渍好的排骨块码放在小笼屉内（图5），放入蒸锅内，盖上小笼屉盖（图6），置旺火上蒸25分钟至熟，出锅，撒上香葱花和少许蒜末即可。

香辣小排

原料　调料

猪排骨400克，青椒圈、红椒圈各15克

干红辣椒10克，葱花、姜末各10克，精盐、味精各1小匙，白糖、料酒各2大匙，植物油适量

1. 猪排骨洗净，剁成小段，加入精盐、味精、料酒、葱花、姜末拌匀，腌渍1小时；干红辣椒去蒂，掰成小段。
2. 净锅置火上，加入植物油烧至六成热，倒入腌渍好的排骨段炸成金黄色，捞出，沥油。
3. 锅中留少许底油，复置火上烧热，加入青椒圈、红椒圈和干红辣椒炒出香辣味，加入排骨段、白糖和精盐，快速翻炒均匀即成。

三泡排骨

原料　调料

猪排骨400克，泡仔姜、泡酸菜、泡椒各25克

葱段、蒜片各5克，八角2个，老抽2小匙，精盐、味精、鸡精各1小匙，胡椒粉、香油各少许，植物油适量

1. 猪排骨洗净血污，剁成大小均匀的段，放入冷水锅内煮5分钟，捞出，换清水冲净，控净水分；泡酸菜、泡仔姜、泡椒分别切碎。
2. 净锅置火上，加入植物油烧至六成热，放入葱段、蒜片和八角炝锅，倒入排骨段，放入泡酸菜、泡仔姜和泡椒炒香，倒入适量的清水。
3. 放入老抽、胡椒粉、精盐、味精和鸡精调味，用中火炖至排骨段熟烂，淋上香油即可。

蚝油排骨

猪排骨500克，鲜香菇25克，净香菜15克，芝麻10克

大葱、姜块各15克，八角4个，精盐1小匙，蚝油、料酒各2大匙，白糖、植物油各适量

1 炒锅置火上烧热，放入芝麻煸炒至熟，取出；大葱洗净，切成段；姜块去皮，切成大片。

2 猪排骨洗净，剁成大小均匀的段（图1），放入冷水锅内（图2），用旺火焯烫几分钟，捞出，沥水（图3）；鲜香菇洗净，去蒂，切成小块（图4）。

3 净锅置火上，加入清水、排骨段、香菇块、葱段、姜片、八角、料酒和少许精盐（图5），用旺火煮沸，改用小火煮至熟，捞出排骨段，沥净水分。

4 净锅复置火上，加入植物油烧至八成热，倒入排骨段翻炒2分钟，放入料酒、精盐、白糖和蚝油炒匀（图6），离火，撒上净香菜和熟芝麻即可。

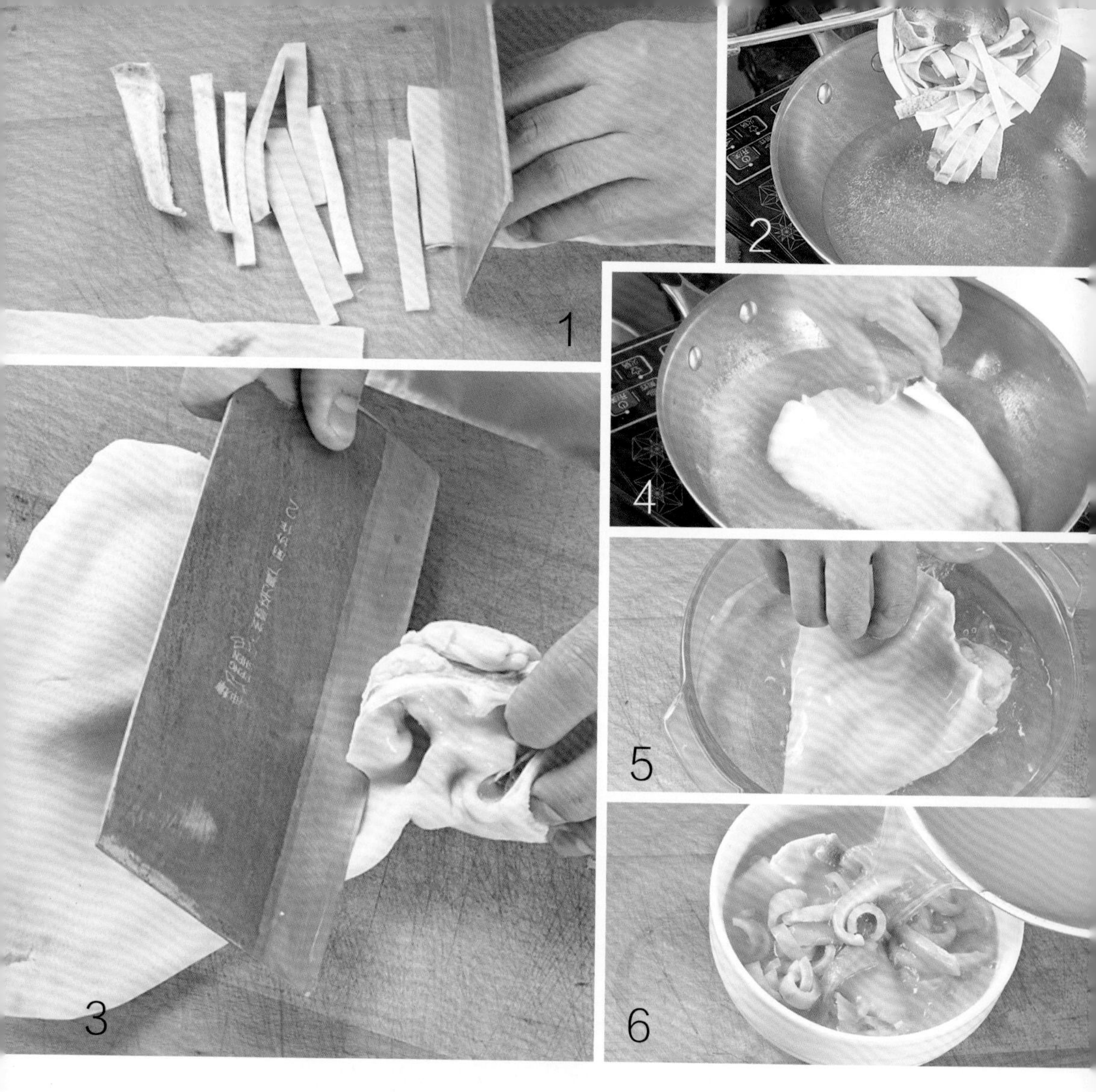

千层猪耳

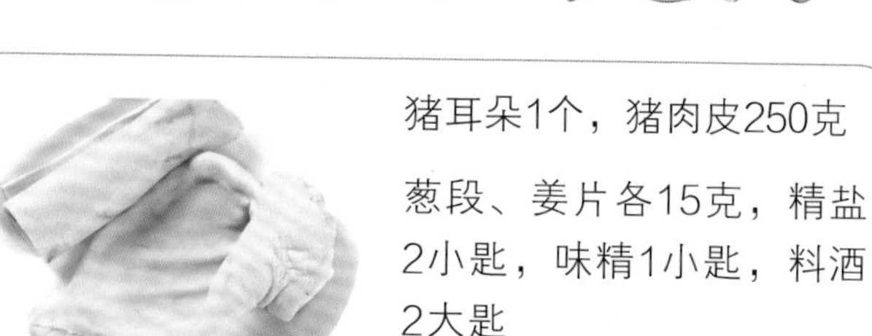

猪耳朵1个，猪肉皮250克

葱段、姜片各15克，精盐2小匙，味精1小匙，料酒2大匙

1 猪肉皮去掉绒毛，削去脂皮，洗净，切成长条（图1），放入清水锅中（图2），用中火煮至软，捞出，过凉。

2 猪耳朵刮净绒毛，洗净，去掉耳尖及耳根肉（图3），放入清水锅中烧沸（图4），用旺火焯烫5分钟，捞出，过凉（图5），沥去水分。

3 锅中加入清水、葱段、姜片、猪耳朵煮几分钟，捞出葱段、姜片，加入精盐和料酒，用小火煮30分钟，捞出。

4 猪耳朵、猪肉皮条放在容器中，滗入煮猪耳的汤汁（图6），放入蒸锅内，用旺火蒸1小时，取出，加入味精调匀，凉凉成冻，食用时切成条块，装盘上桌即可。

卤猪肝

原料　调料

猪肝750克

葱丝、葱段各10克，姜片5克，精盐、酱油各1大匙，料酒2小匙，味精1小匙，香料包1个(花椒、八角、丁香、小茴香、桂皮、陈皮、草果各适量)

1. 猪肝按叶片切开，去掉白色筋膜，放入清水中反复冲洗干净，再放入清水锅中，加入葱段、姜片煮3分钟，捞出，沥水。
2. 净锅置火上烧热，倒入适量清水，放入精盐、味精、料酒、酱油和香料包，用旺火煮5分钟成卤味汁。
3. 离火，放入猪肝焐至断生(切开不见血水)，冷却后继续在卤味汁内浸泡至入味，食用时捞出猪肝，切成大片，码放在盘内，撒上葱丝即可。

翡翠腰花

原料　调料

猪腰300克，冲菜100克，红辣椒粒15克

葱段、姜片、葱花、蒜末各10克，精盐、味精、白糖、胡椒粉、香油各少许，香醋、料酒各1小匙，美极鲜酱油、鸡汤各2大匙

1. 冲菜洗净，切碎，放入热锅中炒出香辣味，出锅，凉凉；猪腰撕去外膜，去除白色腰臊，内侧剞上十字花刀，切成块，加入姜片、葱段、料酒腌渍20分钟，放入沸水锅中焯至断生，捞出。
2. 把美极鲜酱油、鸡汤放入热锅中熬煮成浓汁，出锅，加入精盐、味精、白糖拌匀成调味汁。
3. 把猪腰花块、冲菜碎、精盐、香醋、蒜末、胡椒粉和香油拌匀，码放在深盘内，淋上调味汁，撒上红辣椒粒、葱花即可。

老姜猪蹄

猪蹄500克，鸡蛋3个，枸杞子5克

老姜50克，大葱、蒜瓣各10克，八角2个，精盐1小匙，红糖、生抽、老抽、植物油各适量

1. 老姜洗净，带皮切成大片；鸡蛋放入清水锅内煮至熟，捞出鸡蛋，剥去外皮，切成两半（图1）；大葱洗净，切成段；蒜瓣去皮，拍碎。

2. 猪蹄用清水漂洗干净，擦净水分，剁成大块（图2），放入沸水锅内煮10分钟，捞出猪蹄块（图3），沥净水分。

3. 高压锅置火上，倒入足量的清水，加入老姜片、葱段、蒜瓣、八角和猪蹄块（图4），盖上锅盖压25分钟，离火，揭盖，捞出猪蹄块。

4. 锅置火上，加入植物油和老姜片炒香，加入红糖（图5），放入老抽、生抽、精盐和猪蹄块焖5分钟，加入熟鸡蛋焖3分钟（图6），撒上枸杞子，用旺火收浓汤汁即成。

烧香菇猪蹄

猪蹄750克，香菇100克

大葱、姜块各10克，蒜瓣25克，八角5个，精盐1小匙，老抽1大匙，料酒、白糖各2小匙，水淀粉、植物油各适量

1 大葱洗净，切成小段；蒜瓣去皮，切去两端；香菇择洗干净，去掉菌蒂，切成小块。

2 猪蹄洗净，去掉绒毛，沥水，顺长劈开成两半（图1），剁成大小均匀的块（图2），放入沸水锅内焯烫3分钟，撇去浮沫，捞出猪蹄块（图3），沥净水分。

3 高压锅置火上，倒入清水，放入猪蹄块（图4），加入葱段、姜块、八角和料酒，用中火炖30分钟，捞出猪蹄块。

4 净锅置火上，倒入植物油烧热，放入蒜瓣炝锅（图5），加入葱段、八角、猪蹄块、香菇块、料酒、精盐、白糖、老抽烧至入味，用水淀粉勾芡即可（图6）。

酱香猪尾

原料　调料

猪尾750克

香料包1个(八角、小茴香、陈皮、草果、香叶、葱段、姜片各适量)，精盐、白糖各1大匙，味精1小匙，酱油、糖色各2大匙

1. 猪尾刷洗干净，放入沸水锅中焯烫3分钟，捞出，换清水刮洗干净。
2. 净锅置火上，加入清水和香料包烧沸，放入糖色、酱油、精盐、白糖和味精，用中火煮5分钟成酱味汁，放入猪尾。
3. 用小火酱煮至猪尾熟香，离火，把猪尾浸泡在酱味汁内2小时，食用时捞出猪尾，剁成小段，装盘上桌即可。

脆皮大肠 

原料　调料

猪大肠1000克，黄瓜100克

精盐、味精各1小匙，辣椒粉1大匙，孜然粉、花椒粉各2小匙，卤水、植物油各适量

1. 猪大肠收拾干净，放入沸水锅中汆烫2分钟以去掉血污和异味，捞出，沥水，放入卤水锅中卤至熟香，捞出。
2. 黄瓜洗净，切成细丝，码放在盘内垫底；精盐、味精、花椒粉、辣椒粉和孜然粉调拌均匀成味碟。
3. 净锅置火上，放入植物油烧热，倒入猪大肠炸至色泽红亮、肠皮酥脆，捞出，切成长条，摆在黄瓜丝上，带味碟一起上桌即可。

手扒羊肉

羊肉500克，鸡蛋1个

大葱、姜块各25克，干红辣椒、花椒、八角、孜然各5克，精盐、白糖各1小匙，老抽、料酒、淀粉、植物油各适量

1 将淀粉放入容器内，磕入鸡蛋，加上孜然、少许精盐和清水，搅拌均匀成鸡蛋糊（图1）。

1

2

3

4

5

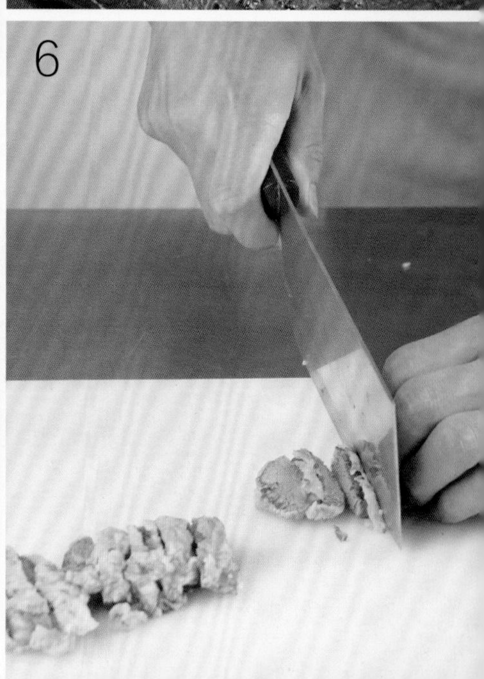

6

2 羊肉洗净血污，放入冷水锅内，烧沸后用中火焯烫5分钟，撇去浮沫，捞出羊肉（图2）；大葱去根和老叶，洗净，切成段；姜块去皮，切成大片。

3 锅内加入少量植物油烧热，加入姜片、葱段、清水、干红辣椒、花椒、八角烧沸（图3），加上老抽、精盐、白糖、料酒和羊肉，用中火煮40分钟至熟，捞出羊肉（图4）。

4 净锅置火上，倒入植物油烧至四成热，把煮好的羊肉放入调好的鸡蛋糊内裹匀，下入油锅内炸至色泽金黄（图5），捞出，沥油，切成条（图6），码盘上桌即可。

酥香羊排

羊排1000克，熟芝麻、香菜各少许

大葱、姜块各10克，八角、小茴香、草果、干红辣椒各5克，精盐、味精、鸡精、料酒各1小匙，老抽、生抽、淀粉、植物油各适量

1 将羊排洗净，剁成大块（图1）；大葱择洗干净，切成段；姜块洗净，切成片；香菜洗净，切成段。

2 净锅置火上，加入冷水，放入羊排块（图2），加入少许葱段、姜片、八角煮10分钟，捞出羊排块（图3），沥水。

3 锅内加入植物油烧热，放入葱段、姜片、八角、小茴香、草果和干红辣椒，加入清水（图4），倒入羊排（图5），加入精盐、味精、料酒、鸡精、生抽和老抽（图6）。

4 用中火煮至熟香，捞出羊排块，拍匀一层淀粉，放入油锅内炸至色泽金黄，捞出，沥油，剁成块，码放在盘内，撒上熟芝麻、香菜段即可。

风味牛肉卷

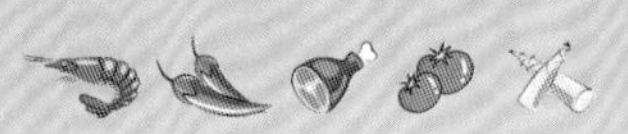

牛腱子肉1大块（约1000克）

蒜瓣25克，葱段15克，姜片20克，干红辣椒5克，草果、豆蔻、八角、花椒、桂皮、小茴香各少许，酱油2大匙，黄酱1大匙、精盐1小匙、白糖、米醋、料酒、植物油各适量

1 牛腱子肉洗净，整块放入凉水锅内，旺火烧沸后，撇去表面的血沫（图1），用中火煮15分钟，捞出，沥水；蒜瓣剁成蒜末，放在小碗内，加上少许酱油和米醋拌匀成蒜汁。

2 净锅置火上，加上植物油烧热，放入葱段、姜片和干红辣椒炝锅，加入草果、豆蔻、八角、花椒、桂皮、小茴香炒匀（图2），倒入适量的清水。

3 放入料酒、黄酱、精盐、白糖和酱油（图3），加入牛腱肉，用小火酱1小时至熟嫩（图4），捞出牛腱肉，凉凉。

4 保鲜膜放在案板上，摆上酱好的牛腱子肉，卷起成牛肉卷（图5），去掉保鲜膜，把牛肉卷切成片（图6），码放在盘内，淋上蒜汁即可。

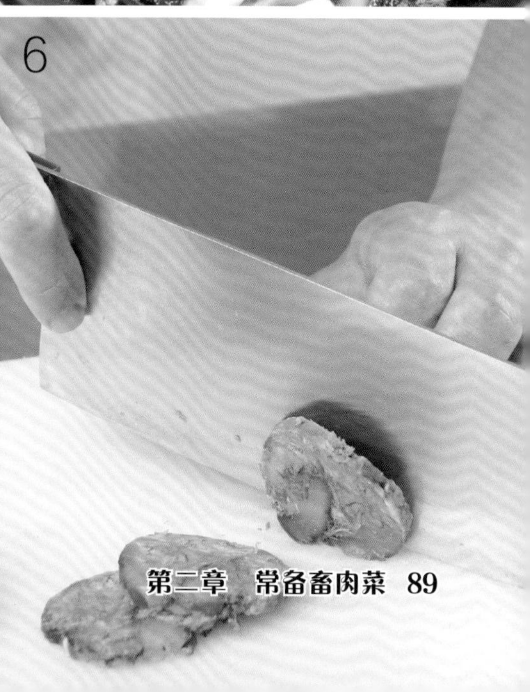

椒香牛肉

牛腿肉400克，鸡蛋清1个

黑胡椒碎2小匙，精盐少许，料酒、淀粉、生抽、白糖、蚝油、香油、植物油各适量

1 牛腿肉去掉筋膜，洗净血污，先切成条（图1），再切成大小均匀的牛肉丁（图2）。

2 把牛肉丁放在大碗内，加上鸡蛋清拌匀，放入精盐、料酒和淀粉，充分搅拌均匀（图3），淋上少许植物油，放入冰箱保鲜室内冷藏1小时，取出。

3 净锅置火上，加入植物油烧至六成热，下入牛肉丁滑散至熟，捞出，沥油（图4）。

4 锅内留少许底油，复置火上烧热，放入黑胡椒碎和牛肉丁炒匀（图5），加入蚝油、生抽、精盐和白糖翻炒均匀（图6），淋上香油，出锅上桌即成。

第三章

禽蛋豆制品

香辣三黄鸡

净三黄鸡1只，熟芝麻25克，香葱、小米椒各15克

蒜瓣、葱段、姜片、干红辣椒、香叶、桂皮、花椒、八角各少许，精盐、料酒、生抽、酱油、米醋、白糖、辣椒油各适量

1 净三黄鸡放入冷水锅内，加入葱段、姜片、干红辣椒、香叶、桂皮、花椒和八角（图1），烧沸后撇去表面的浮沫，加入少许精盐和料酒煮约1小时至熟嫩（图2）。

2 香葱去根和老叶，洗净，切成香葱花；蒜瓣去皮，剁成蒜末；小米椒去蒂，去籽，洗净，切成椒圈。

3 将煮好的三黄鸡捞出（图3），沥净水分，凉凉，放在案板上，剁成大小均匀的块（图4），码放在盘中。

4 把蒜末、小米椒圈放在小碗内，加入精盐、生抽、酱油、米醋、白糖和辣椒油（图5），调拌均匀成香辣味汁，淋在三黄鸡块上（图6），撒上熟芝麻和香葱花即可。

手撕鸡

净仔鸡1只（约750克），大米40克

大葱、姜块各15克，八角、桂皮各少许，精盐2小匙，白糖、料酒、酱油各1大匙，香油1小匙

1 净仔鸡放入清水中浸泡2小时，取出；大葱去根和老叶，切成段；姜块去皮，切成大片。

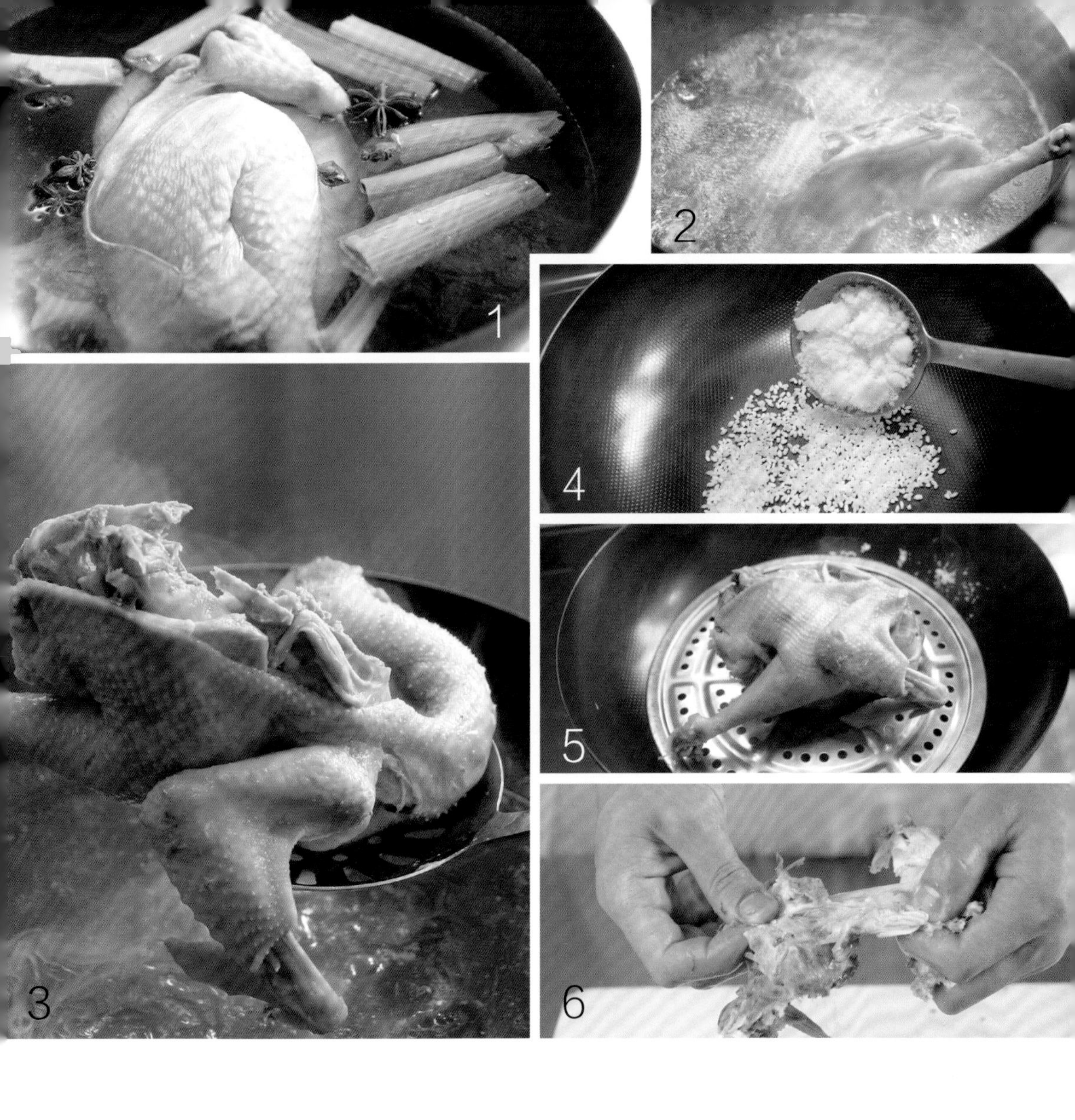

2 净锅置火上，加入清水，放入葱段、姜片、八角、桂皮和净仔鸡（图1），烹入料酒，加入精盐、酱油，用旺火烧沸，转中火煮30分钟（图2）。

3 撇去汤汁表面的浮沫，改用小火煮40分钟至仔鸡熟香入味，捞出仔鸡（图3），擦净表面水分。

4 熏锅置火上烧热，放入大米和白糖（图4），架上箅子，把仔鸡放在箅子上（图5），加盖熏3分钟，取出仔鸡，涂抹上香油，撕成条块（图6），装盘上桌即可。

蒜香鸡腿

原料　调料

鸡腿2只(约500克)，熟芝麻少许

蒜瓣50克，陈皮、姜片各15克，精盐、白糖、料酒、酱油各1小匙，黄酱1大匙，香油少许，植物油3大匙

1. 鸡腿去掉残毛，洗净血污，剁成大块，加上少许精盐、料酒、酱油拌匀，腌渍5分钟；蒜瓣剥去外皮；陈皮洗净，切成碎末。
2. 净锅置火上，加入植物油烧至五成热，下入蒜瓣和姜片炒出香味，烹入料酒，放入鸡腿块煸炒至变色。
3. 加入清水、黄酱、陈皮末、精盐、白糖、酱油烧沸，改用中火烧焖至鸡腿块熟香，用旺火收浓汤汁，撒上熟芝麻即可。

脆皮仔鸡

原料　调料

净仔鸡1只(约750克)，洋葱25克

葱末、姜末、蒜末各5克，沙姜粉、精盐、鸡精各1小匙，料酒、麦芽糖水各1大匙，植物油适量

1. 洋葱剥去外层老皮，切成碎粒，放在碗内，加上葱末、姜末、蒜末、沙姜粉、精盐、鸡精和料酒拌匀成味汁。
2. 把调好的味汁抹匀净仔鸡内外，腌渍2小时，放入沸水锅内焯烫一下，捞出，擦净表皮水分，刷上一层麦芽糖水，置于通风处晾晒2小时。
3. 净锅置火上，加入植物油烧至五成热，放入加工好的仔鸡炸至色泽金黄且熟香，捞出，沥油，直接上桌即可。

菠萝鸡腿

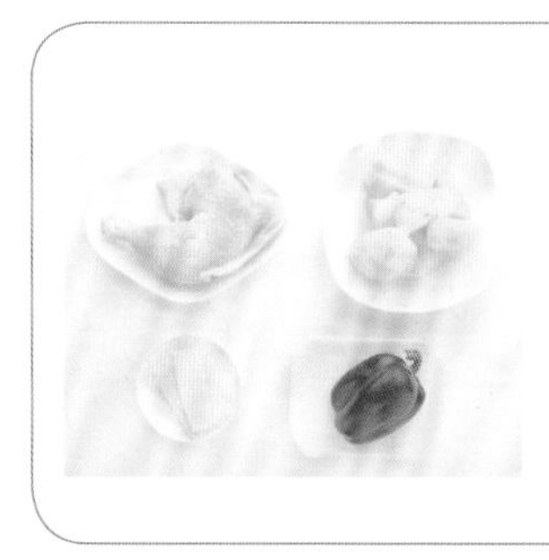

鸡腿2个，净菠萝果肉150克，红椒40克

姜块10克，精盐1小匙，白糖、生抽、料酒、水淀粉各1大匙，植物油2大匙

1 净菠萝果肉用淡盐水浸泡片刻，捞出，切成块（图1）；姜块去皮，切成片；红椒去蒂，去籽，洗净，切成小块。

2 鸡腿用冷水漂洗干净，取出，沥净水分，剁成大小均匀的块（图2），放入清水锅内（图3），烧沸后撇去浮沫，用旺火煮至近熟，捞出鸡腿块，换清水洗净，沥净水分。

3 锅内加入植物油烧热，加入姜片炝锅出香味，倒入鸡腿块（图4），用旺火翻炒2分钟。

4 加入料酒、生抽、白糖和精盐（图5），倒入菠萝块，用旺火快速炒匀，撒上红椒块，用水淀粉勾薄芡（图6），出锅上桌即可。

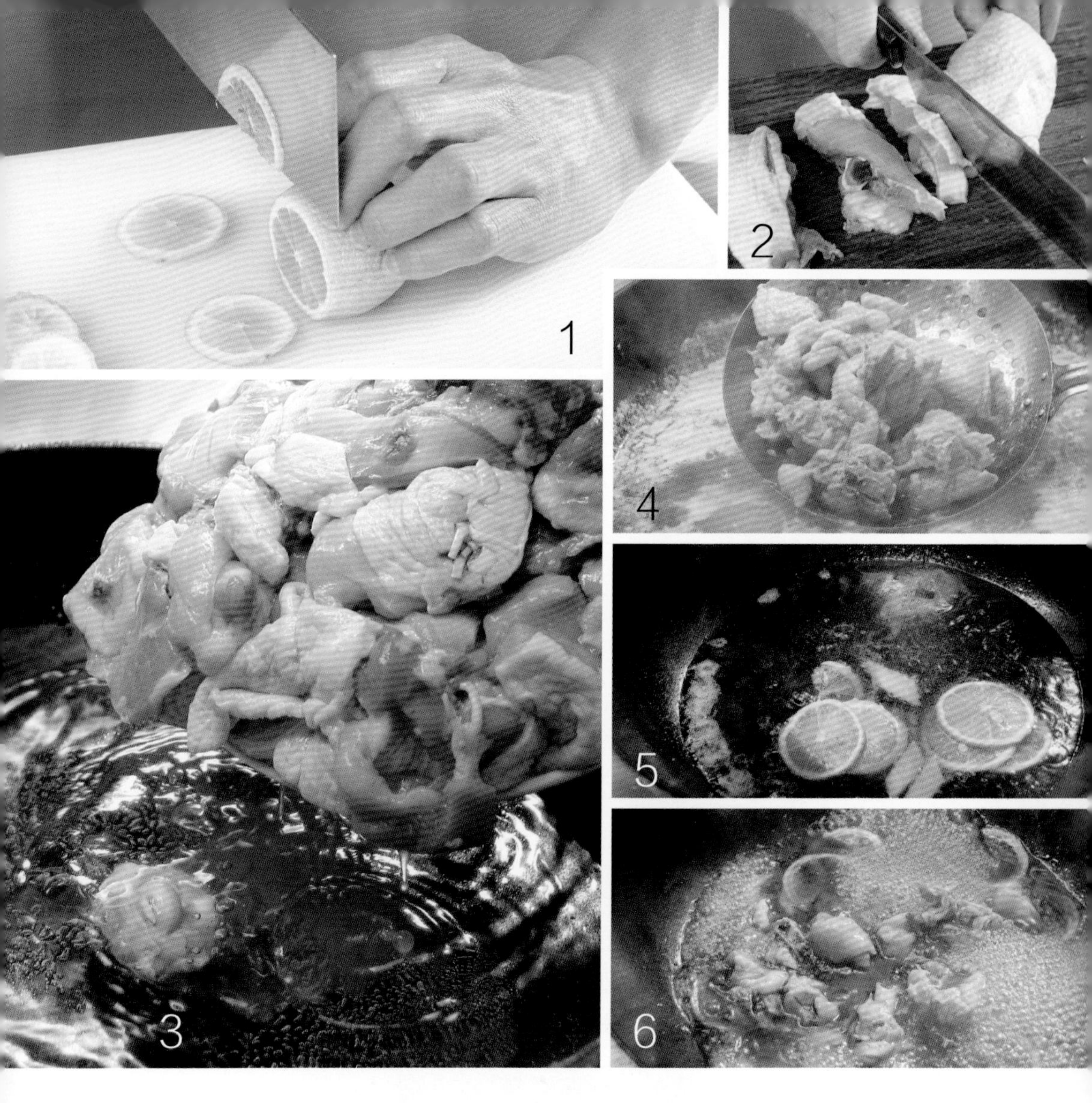

可乐柠檬鸡

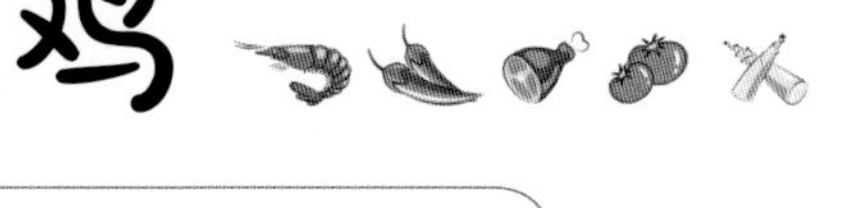

鸡腿400克，可乐1听，柠檬1个，枸杞子少许

姜片10克，精盐少许，生抽2小匙，料酒、白糖各1大匙

1 柠檬洗净，擦净水分，顶刀切成大片（图1）；取一半的柠檬片，放在容器内捣烂，过滤后取柠檬汁。

2 将鸡腿洗净血污，放在案板上，先剁成条状（图2），再剁成大小均匀的块，放入温水锅内（图3），用旺火焯烫3分钟，捞出鸡腿块（图4），换清水漂洗干净。

3 净锅置火上烧热，倒入适量的清水烧沸，放入柠檬片和姜片煮约5分钟，倒入可乐稍煮（图5），加入精盐、生抽、白糖、料酒熬煮成味汁。

4 倒入焯煮好的鸡腿块，用旺火煮10分钟，改用小火煮至鸡腿块熟嫩（图6），撒上枸杞子，用旺火收浓汤汁，淋上柠檬汁，出锅上桌即成。

酒香脆皮鸡

原料　调料

鸡腿400克，芹菜粒、泰椒15克，熟芝麻、香葱末各10克，鸡蛋1个

精盐1/2大匙，味精、胡椒粉各1/2小匙，面粉、红曲粉各2大匙，白酒4小匙，植物油适量

1. 红曲粉放入碗中，加入热水拌匀成红曲粉水；鸡腿剁成块，加入白酒、精盐、胡椒粉拌匀；鸡蛋磕入碗中，加入面粉、少许植物油和红曲粉水搅匀成软炸糊；泰椒洗净，切成两半。
2. 鸡腿块裹匀软炸糊，放入烧热的油锅内炸至熟脆，捞出，沥油。
3. 净锅复置火上烧热，放入鸡腿块、香葱末、芹菜粒、泰椒煸炒均匀，烹入白酒，撒入熟芝麻，加入精盐、味精炒匀即可。

葱油鸡

原料　调料

净三黄鸡1只

大葱、姜块各50克，精盐2小匙，胡椒粉1/2小匙，料酒1大匙，植物油3大匙

1. 取一半的大葱、姜块切成细末，另一半大葱、姜块切成段，放入清水锅内，加上净三黄鸡烧沸，用小火煮1小时，捞出三黄鸡；煮三黄鸡的汤汁过滤，去除杂质成鸡清汤。
2. 锅中加上植物油烧热，加入葱末、姜末煸炒出香味，加入少许鸡清汤、料酒、胡椒粉、精盐炒匀，出锅，倒在小碗内成葱油。
3. 把熟三黄鸡去掉大骨，剁成块，码放在盘内，淋上加工好的葱油即成。

香辣仔鸡

净仔鸡500克，熟芝麻25克，香葱花10克

大葱、姜块各15克，蒜瓣10克，干红辣椒25克，花椒5克，精盐1小匙，蚝油1大匙，生抽2小匙，淀粉少许，植物油适量

1 大葱择洗干净，切成小段；干红辣椒去蒂；姜块去皮，切成菱形片；蒜瓣去皮，切成厚片。

2 净仔鸡去掉鸡爪、鸡脖等，剁成大小均匀的块（图1），放入容器内，加入少许精盐、蚝油和淀粉拌匀（图2），腌渍20分钟。

3 锅内倒入植物油烧热，倒入仔鸡块炸至变色（图3），捞出；待锅内油温升至七成热时，再倒入仔鸡块炸至色泽金黄，捞出（图4）。

4 锅内留少许底油烧热，加入姜片、蒜片、花椒炝锅，加入干红辣椒炒香（图5），放入仔鸡块、葱段、精盐、蚝油、生抽炒匀（图6），撒上香葱花和熟芝麻即成。

茶树菇鸡腿

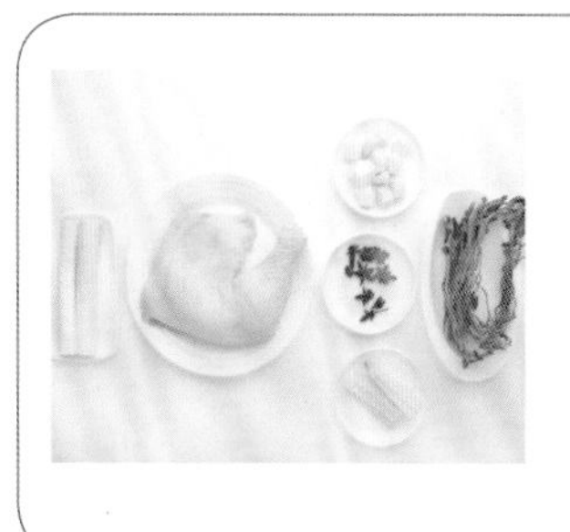

鸡腿1只，茶树菇50克，青椒、红椒各15克

葱段20克，姜片、蒜瓣各10克，八角5个，精盐1小匙，料酒、老抽各1大匙，白糖2小匙，植物油2大匙

1 茶树菇放在盛有清水的大碗中浸泡至涨发（图1）；青椒、红椒分别去蒂，去籽，洗净，切成小条。

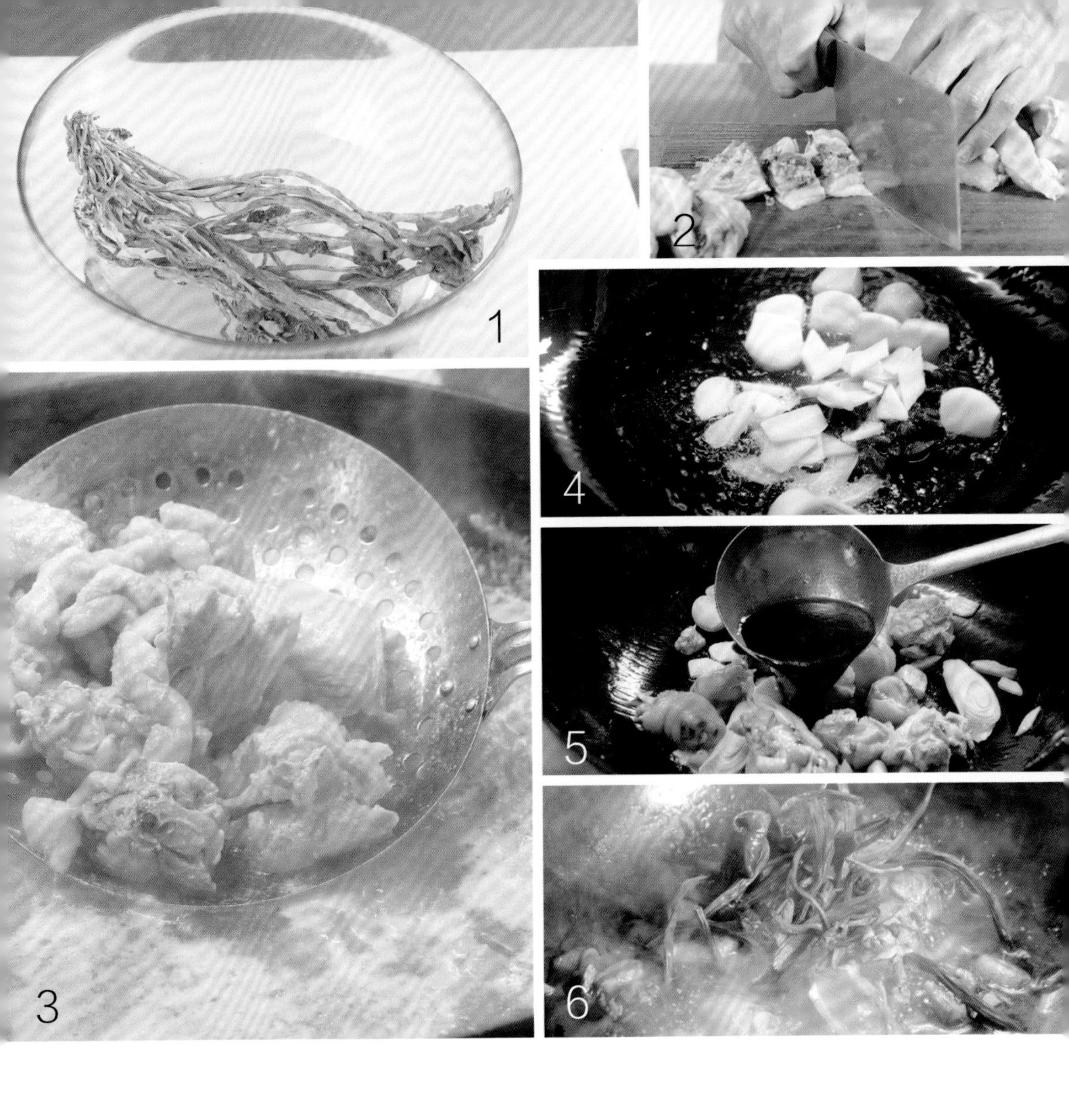

2 鸡腿去掉绒毛，用清水洗净，剁成大小均匀的块（图2），放入清水锅内，用中火焯烫5分钟，捞出鸡腿块（图3），换清水漂洗干净，沥净水分。

3 净锅置火上烧热，倒入植物油烧至六成热，放入葱段、姜片、蒜瓣和八角煸炒出香味（图4），倒入鸡腿块翻炒均匀，烹入料酒，加上老抽炒上颜色（图5）。

4 倒入清水，加入精盐、白糖烧沸，再放入泡好的茶树菇（图6），用中火炖约30分钟至入味，撒上青椒条和红椒条，出锅上桌即可。

金针鸡肉汤

原料　调料

鸡胸肉150克，金针菇75克，水发香菇3个

香葱25克，精盐1小匙，味精、胡椒粉各少许，淀粉、清汤各适量

1. 鸡胸肉去掉筋膜，洗净，切成丝，放在容器内，加上少许精盐和淀粉拌匀；香葱择洗干净，切成香葱花。
2. 金针菇洗净，去掉菌蒂，撕成小条，放入沸水锅内焯烫一下，捞出；水发香菇去蒂，切成丝。
3. 净锅置火上，加入清汤煮沸，放入金针菇、香菇丝煮2分钟，加入鸡肉丝煮至熟，加入精盐、味精和胡椒粉调好口味，撒上香葱花即可。

蛋黄鸡腿卷

原料　调料

鸡腿500克，咸鸭蛋黄150克

葱段、姜片各5克，精盐、味精、花椒粉各1/2小匙，料酒2小匙

1. 将鸡腿洗净，剔去骨头，留带皮净鸡腿肉，放在容器内，加上精盐、味精、料酒、葱段、姜片、花椒粉拌匀，腌渍1小时。
2. 将腌好的鸡腿肉摊开，卷入咸鸭蛋黄，用线绳捆好成蛋黄鸡腿卷生坯，放入蒸锅内，用旺火蒸至熟，取出。
3. 将蒸好的鸡腿卷放入盘中，上面用重物压实，凉透后去掉线绳，顶刀切成片即可。

豆豉凤爪

鸡爪（凤爪）500克，红尖椒、香葱各15克

豆豉25克，蒜瓣15克，精盐1小匙，蚝油4小匙，生抽1/2大匙，料酒1大匙，白糖、植物油各少许

1 红尖椒去蒂，去籽，洗净，切成碎粒；蒜瓣去皮，洗净，剁成蒜末；香葱去根，洗净，切成香葱花。

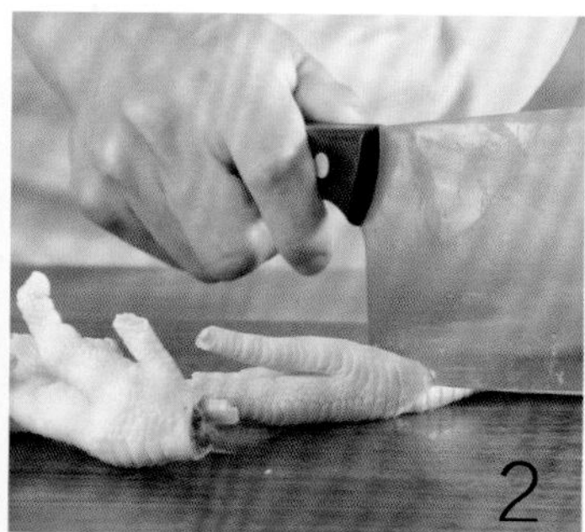

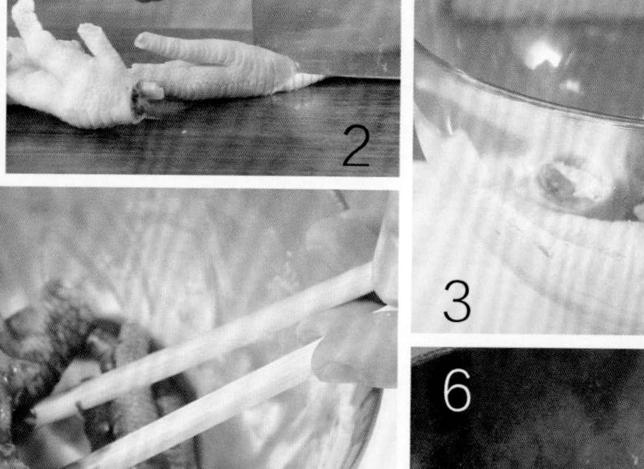

2 把鸡爪漂洗干净，沥净水分，去掉爪尖（图1），剁去鸡爪的腿骨（图2），放在大碗内，加上蚝油（图3），放入精盐、料酒搅拌均匀（图4），腌渍30分钟。

3 将腌渍好的鸡爪放入盘中，再放入蒸锅内（图5），用旺火、沸水蒸30分钟至熟，取出鸡爪。

4 炒锅置火上，放入植物油烧至五成热，加入蒜末、豆豉煸炒出香味，放入蒸好的鸡爪，加入生抽和白糖，用中火烧至汤汁黏稠（图6），撒上红尖椒粒、香葱花即可。

蜜汁酒香翅

鸡翅尖500克，熟芝麻25克

姜块10克，精盐、味精各1/2小匙，老抽、白糖各2小匙，冰糖15克，红酒、蜂蜜、植物油各3大匙

1 鸡翅尖洗净，去掉残毛，剁去细尖（图1）；姜块去皮，切成菱形小片。

2 把鸡翅尖和姜片放在容器内（图2），加入少许老抽、白糖、冰糖、精盐、红酒拌匀（图3），腌渍1小时，取出鸡翅尖，用蜂蜜抹匀。

3 净锅置火上，加入植物油烧热，放入鸡翅尖（图4），用中火煎至鸡翅尖变色。

4 加入适量的热水和蜂蜜（图5），放入红酒和老抽，烧沸后用小火焖15分钟至熟，改用旺火收浓汤汁（图6），撒上味精，加入熟芝麻调匀即可。

纸包盐酥翅

原料　调料

鸡翅500克

大葱、姜块各15克，蒜瓣10克，酱油2小匙，蜂蜜、五香粉各少许，大粒海盐、白酒各适量

1. 鸡翅去掉绒毛和杂质，洗净，擦净水分，表面剞上两刀；大葱洗净，切成小段；姜块洗净，拍散；蒜瓣拍碎。
2. 鸡翅放在容器内，加入葱段、姜块、蒜瓣、酱油、五香粉、白酒、蜂蜜拌匀，腌渍20分钟，用锡纸包裹好并轻轻攥紧。
3. 锅置旺火上，放入大粒海盐炒匀，中间扒一凹窝，放上用锡纸包好的鸡翅并用海盐粒覆盖，改用小火焖20分钟即可。

葱油鸡翅

原料 调料

鸡翅400克，香葱50克

姜块15克，精盐2小匙，料酒1大匙，植物油2大匙

1. 鸡翅洗净，在每个鸡翅上分别剞上一字刀，放在大碗内，加入精盐、料酒拌匀，腌渍15分钟；姜块洗净，切成片。

2. 把香葱去根和老叶，洗净，切碎，放在小碗内，淋上烧至九成热的植物油烫出香味，加上少许精盐拌匀成葱油。

3. 把腌渍好的鸡翅放入净锅内，加入清水、姜片煮25分钟至熟，捞出鸡翅，沥净水分，码放在盘内，淋上葱油即可。

烧焖鸭

净鸭半只，青椒、红椒各50克，香葱15克

老姜、葱段、蒜瓣、八角各5克，精盐1小匙，白糖、水淀粉、老抽、料酒各1大匙，植物油适量

1. 老姜削去外皮，片成大片（图1）；净鸭洗净血污，沥净水分，剁成大块（图2），放入冷水锅内煮沸，撇去浮沫，用旺火焯煮5分钟，捞出，沥水。
2. 青椒、红椒分别去蒂，去籽，洗净，切成菱形小块；香葱去根和老叶，切成香葱花。
3. 炒锅置火上，加入植物油烧至六成热，放入八角、蒜瓣、葱段煸出香味（图3），放入鸭块翻炒均匀，烹入料酒，加入老抽炒上颜色（图4）。
4. 倒入适量的清水（图5），放入老姜片、精盐、白糖烧焖10分钟至熟，加上青椒块、红椒块，用水淀粉勾芡（图6），撒上香葱花即成。

姜丝鸭翅

鸭翅400克，姜块75克，小米椒25克，香葱花、熟芝麻各少许

净蒜瓣20克，精盐1小匙，生抽、白糖各2小匙，辣椒油1大匙，植物油适量

1 姜块去皮，切成略粗的丝（图1）；鸭翅择洗干净，去掉翅尖，剁成大块（图2）；小米椒去蒂，去籽，切成小段。

2 炒锅置火上，倒入清水，加入鸭翅块焯烫5分钟，捞出鸭翅块，沥水（图3）。

3 另起锅，倒入植物油烧至六成热，加入鸭翅块（图4），用旺火炸3分钟，捞出，沥油。

4 锅内留少许底油，复置火上烧热，加入鸭翅块、净蒜瓣、小米椒段煸炒出香味（图5），加入清水、精盐、生抽、白糖和姜丝，用小火烧15分钟，淋上辣椒油（图6），撒上香葱花和熟芝麻即可。

盐水鸭腿

原料　调料

鸭腿500克，香葱25克，红尖椒15克

大葱25克，蒜瓣15克，姜块10克，八角3个，干红辣椒3克，精盐1大匙，料酒2大匙，花椒油2小匙

1. 鸭腿收拾干净；大葱取葱叶，打成葱结；红尖椒去蒂，去籽，切成小粒；香葱去根，洗净，切成香葱花；姜块去皮，切成片。
2. 净锅置火上烧热，倒入清水，加入葱结、蒜瓣、八角、姜片、精盐、料酒和干红辣椒煮至沸，放入鸭腿。
3. 用中火煮40分钟至鸭腿熟嫩，离火，凉凉，剁成条块，码放在盘内，淋上花椒油，撒上红尖椒粒和香葱花即可。

麻辣鸭舌

原料　调料

鸭舌350克，熟芝麻少许

葱段10克，姜片5克，精盐1小匙，味精、白糖各1/2小匙，料酒1大匙，花椒油、辣椒油各2小匙

1. 把鸭舌洗净，放入沸水锅中焯烫3分钟，捞出鸭舌，换清水漂洗一下。
2. 净锅置火上，加入清水，放入葱段、姜片、料酒烧沸，下入鸭舌，用中火煮至熟嫩，捞出鸭舌，凉凉。
3. 把熟鸭舌放在容器内，加上精盐、味精、白糖、花椒油、辣椒油拌匀，码放在盘内，撒上熟芝麻即可。

芥末鸭掌

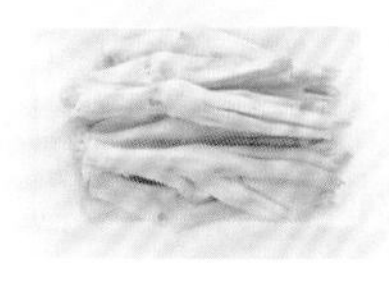

鸭掌500克，黄瓜100克，香菜叶少许

葱段、姜片、蒜末各15克，绿芥末、料酒、酱油各1大匙，精盐、米醋各1小匙，白糖、香油各少许

1 将鸭掌洗净，放入清水锅内，加入葱段、姜片（图1），烹入料酒，加入精盐，用中火煮20分钟至熟（图2），捞出。

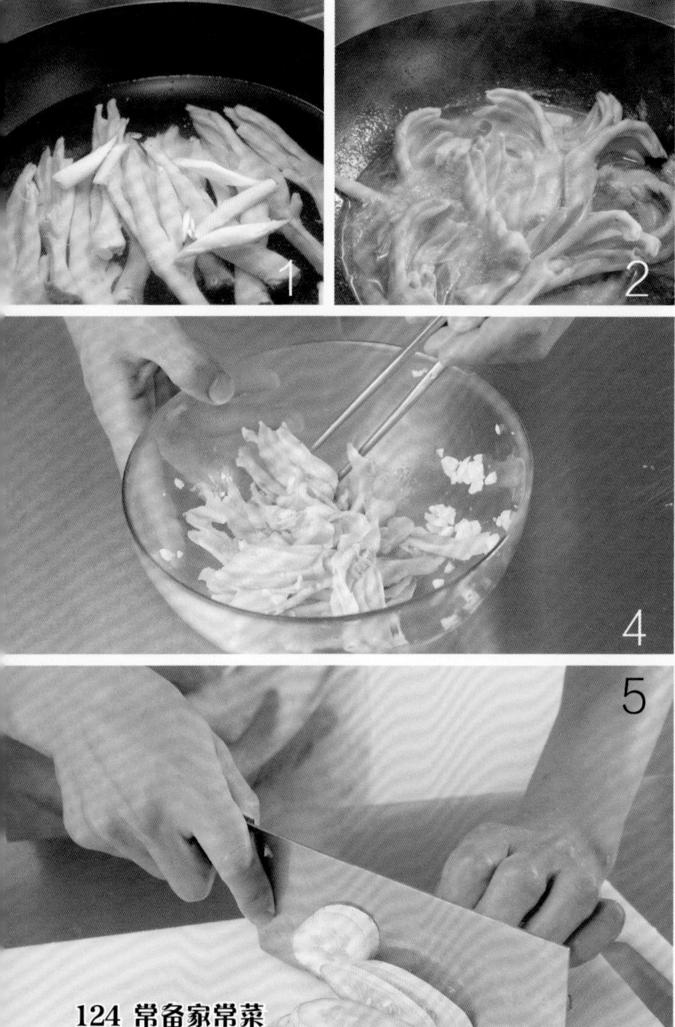

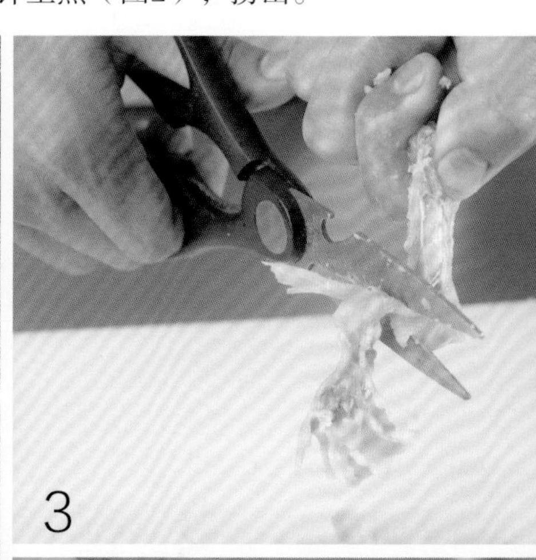

2 把熟鸭掌过凉，沥净水分，去掉鸭掌骨（图3），放在容器内，加入蒜末、少许精盐、米醋、白糖拌匀（图4）。

3 黄瓜洗净，擦净水分，去皮，切成大片（图5），码放在深盘内垫底，上面码放上熟鸭掌，加上香菜叶加以点缀。

4 绿芥末放在小碗内，加入2大匙沸水，盖盖闷10分钟，加入精盐、米醋、酱油、白糖和香油拌匀成味汁（图6），与熟鸭掌一起上桌即可。

麻辣豆腐

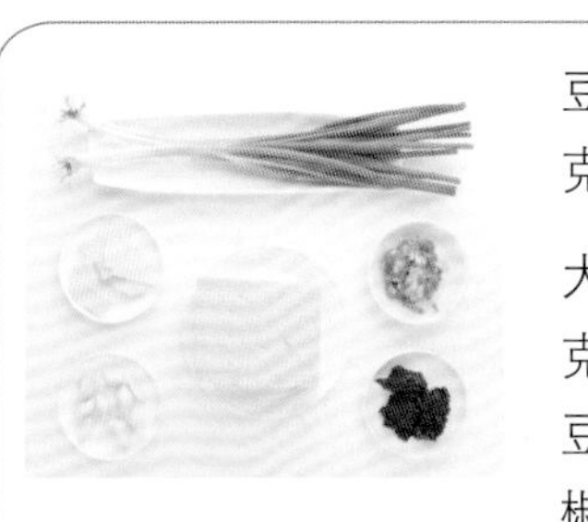

豆腐400克，猪肉末75克，香葱25克

大葱、姜块、蒜瓣各10克，精盐少许，豆瓣酱、豆豉、料酒、水淀粉、花椒油、植物油各适量

1 香葱去根和老叶，洗净，切成香葱花；蒜瓣去皮，洗净，切成末；姜块去皮，切成末；大葱洗净，切成末。

2 豆腐先切成2厘米厚的豆腐片（图1），然后切成粗条，再切成2厘米见方的小块，放入清水锅内（图2），加入少许精盐焯烫2分钟，捞出，沥水（图3）。

3 炒锅置火上，倒入植物油烧热，加入豆瓣酱、葱末、蒜末和姜末炒香，倒入猪肉末煸炒至变色（图4），加入豆豉、料酒、精盐和清水煮至沸。

4 倒入焯烫好的豆腐块，用小火烧6分钟（图5），边晃动炒锅边淋上水淀粉（图6），待汤汁裹匀豆腐块时，淋上花椒油，撒上香葱花即成。

腐皮肉丝

原料　调料

豆腐皮250克，猪里脊肉150克，红尖椒、香菜各10克

葱花、姜末各少许，精盐、味精各1/2小匙，白糖、白醋各1小匙，酱油、料酒、水淀粉各1大匙，植物油2大匙

1. 豆腐皮洗净，切成丝；猪里脊肉剔去筋膜，洗净，切成细丝；香菜洗净，去根和老叶，切成段；红尖椒洗净，切成椒圈。
2. 锅置火上，加入植物油烧至六成热，放入猪肉丝煸炒至变色，下入葱花、姜末爆香，放入豆腐皮丝炒匀。
3. 烹入料酒，加入白醋、酱油、白糖、精盐炒3分钟，加入味精，用水淀粉勾芡，撒上红尖椒圈、香菜段即成。

腐皮韭黄卷

原料　调料

豆腐皮4张，韭黄、绿豆芽各200克，香菇丝、冬笋丝各50克

精盐、生抽、白糖、香油、植物油各适量

1. 韭黄择洗干净，切成小段；绿豆芽择洗干净，沥干水分。
2. 锅中加入植物油烧热，放入香菇丝、冬笋丝、绿豆芽略炒，加入精盐、生抽、白糖、香油调好口味，放入韭黄段炒匀，出锅，凉凉成馅料。
3. 把每张豆腐皮剪成6小块，中间包入馅料，卷成卷，放入热油锅中煎炸至熟透，出锅，沥油，码盘上桌即可。

苦瓜蛋饼

鸡蛋5个（约300克），苦瓜100克，洋葱50克，红椒25克，枸杞子5克

精盐1小匙，胡椒粉少许，植物油2大匙

1 苦瓜洗净，去蒂，顺长切成两半（图1），去掉苦瓜瓤，切成片（图2），放入沸水锅内焯烫一下，捞出，过凉，沥净水分。

2 洋葱剥去外皮，切成细丝，放入热锅内煸炒一下，取出，放在盘内一侧加以点缀；红椒去蒂，洗净，切成细丝。

3 鸡蛋磕入大碗中搅拌均匀（图3），加入胡椒粉和精盐拌匀，放入苦瓜片、红椒丝和洗净的枸杞子，充分搅拌均匀成苦瓜鸡蛋液（图4）。

4 平锅置火上，倒入植物油加热，放入搅拌好的苦瓜鸡蛋液（图5），用中火煎至色泽金黄，取出，切成块（图6），码放在摆有洋葱丝的盘内即成。

第四章

常备水产菜

酥香鲫鱼

鲫鱼1000克

大葱、蒜瓣、姜片各15克，香叶、八角、干红辣椒、花椒、桂皮、肉蔻各少许，精盐、豆瓣酱、料酒、米醋、白糖、植物油各适量

1. 鲫鱼去掉鱼鳞、鱼鳃和内脏，洗净血污，擦净表面水分，涂抹上少许精盐和料酒，腌渍10分钟；蒜瓣去皮；大葱去根，洗净，切成段。

2. 炒锅置火上，倒入植物油烧至八成热，放入鲫鱼（图1），用中火炸至酥脆，捞出鲫鱼（图2），沥油。

3. 锅内留少许底油，复置火上烧热，加入葱段、姜片、蒜瓣炝锅出香味（图3），加入花椒、八角、肉蔻、干红辣椒炒出香味，加入豆瓣酱炒散，放入香叶、桂皮、米醋和白糖（图4）。

4. 加入精盐和适量的清水烧沸，放入鲫鱼（图5），用小火炖30分钟至熟，改用旺火收浓汤汁（图6），出锅装盘即可。

干煎小黄鱼

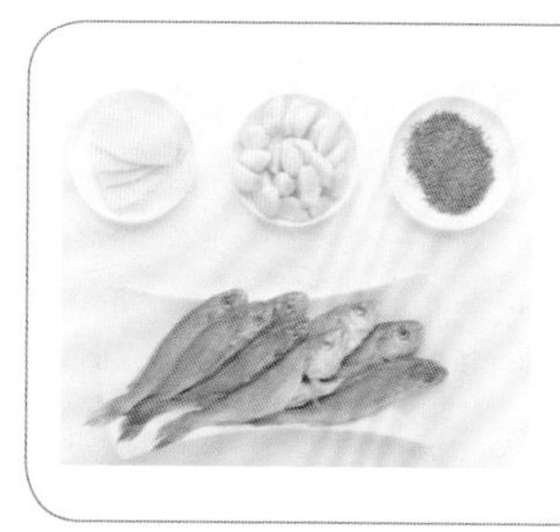

小黄鱼500克

大葱、姜块各15克，花椒5克，精盐2小匙，料酒5小匙，生抽1大匙，植物油2大匙

1 小黄鱼去掉鱼鳞、鱼鳃、内脏等，用清水洗净，沥水；大葱洗净，切成段（图1）；姜块去皮，切成片（图2）。

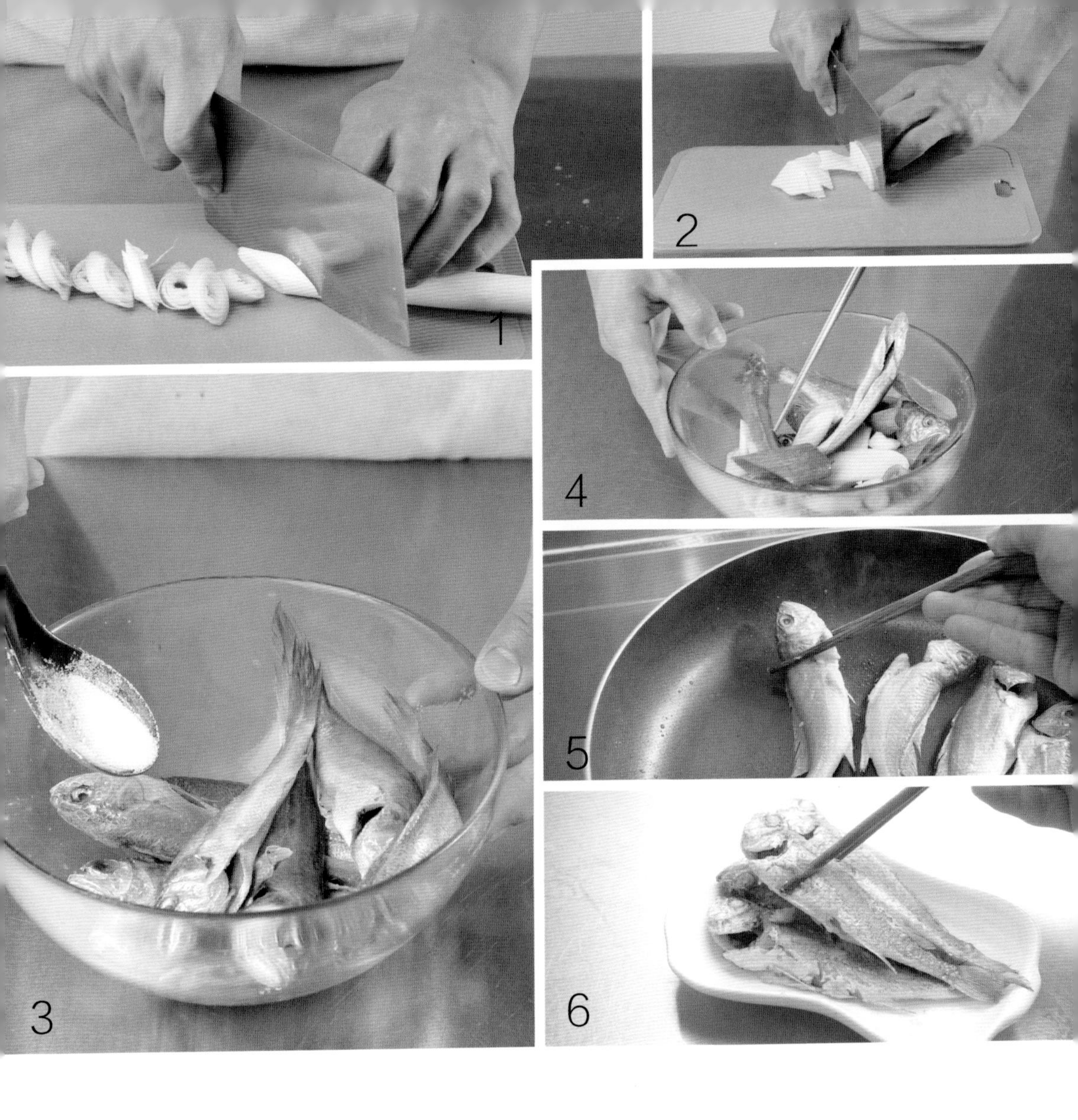

2 净锅置火上烧热，放入花椒，用小火煸炒几分钟，出锅，凉凉，擀压成碎末，加上少许精盐拌匀成椒盐。

3 把小黄鱼放在容器内，加上精盐（图3），放入葱段、姜片、少许椒盐、料酒、生抽拌匀（图4），腌渍15分钟，取出小黄鱼，沥净水分。

4 净锅置火上，加入植物油烧热，放入小黄鱼（图5），用中火煎至小黄鱼两面色泽金黄、熟脆，码放在盘内（图6），撒上椒盐即可。

葱椒鱼条

原料　调料

净草鱼1条，红椒、香葱各15克

葱段15克，姜片10克，精盐、味精、香油各1小匙，白糖、料酒各3大匙，鸡汤、植物油各适量

1. 净草鱼从背部剔去鱼骨，取净草鱼肉，切成5厘米长的条；红椒去蒂，洗净，切成细条；香葱洗净，切成小段。
2. 把鱼肉条放在碗内，加上葱段、姜片、精盐、料酒和味精拌匀，腌渍10分钟，下入热油锅中炸至熟，捞出，沥油。
3. 锅中留少许底油烧热，放入白糖、精盐、料酒、鸡汤和鱼肉条烧5分钟，待汤汁浓稠时，加入香葱段、红椒条炒匀，淋上香油即可。

老姜鲈鱼汤

原料 调料

鲈鱼1条(约750克)

姜块25克，精盐1小匙，料酒1大匙，猪骨汤、植物油各适量

1. 把鲈鱼宰杀，去掉鱼鳞、鱼鳃和内脏，洗净，沥水，在鱼身两侧剞上十字花刀；姜块洗净，切成大片。
2. 坐锅点火，加入植物油烧至六成热，放入鲈鱼煎炸2分钟，捞出，沥油。
3. 锅中留少许底油烧热，下入姜片炒出香味，放入鲈鱼，烹入料酒，添入猪骨汤烧沸，转小火煮30分钟至熟香，加入精盐调好口味即可。

干炸带鱼

带鱼500克

花椒10克，葱段25克，姜块15克，孜然粉、辣椒粉各2小匙，精盐1小匙，料酒1大匙，生抽少许，植物油适量

1 花椒放入烧热的净锅内煸炒2分钟，捞出花椒，凉凉，擀压成碎末，加上孜然粉、辣椒粉拌匀成蘸料。

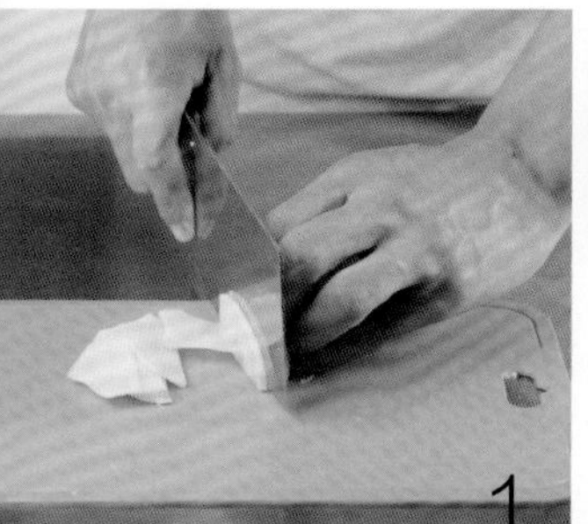

1

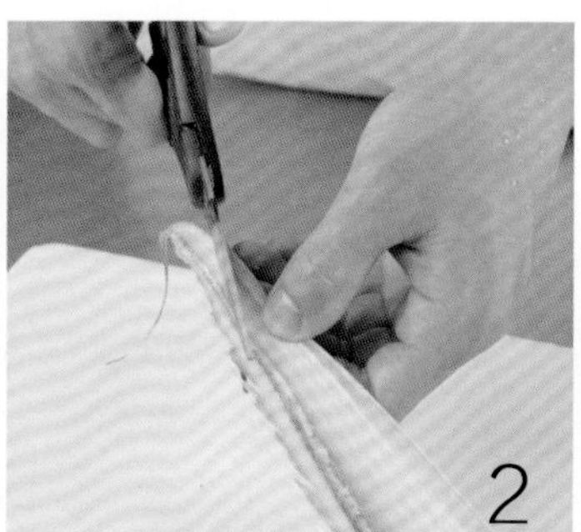

2

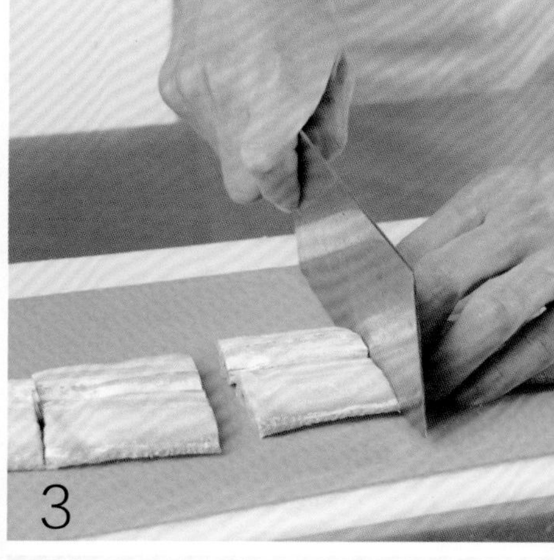

3

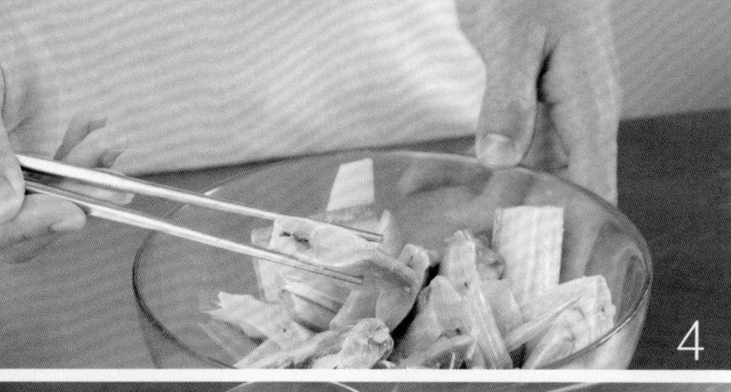

4

5

6

2 姜块去皮，洗净，切成片（图1）；带鱼放在案板上，刷去带鱼表面杂质，剁去鱼头，剪去鱼鳍（图2），去掉内脏和黑膜，洗净，切成大小均匀的块（图3）。

3 把带鱼块放在容器内，加上葱段、姜片、精盐、料酒和生抽拌匀（图4），腌渍15分钟。

4 净锅置火上，放入植物油烧热，逐块放入带鱼（图5），先用中火炸至熟，捞出，待锅内油温升至七成热时，再倒入带鱼块炸至色泽金黄、酥脆，捞出，码放在盘内（图6），带蘸料一起上桌即可。

豆豉带鱼

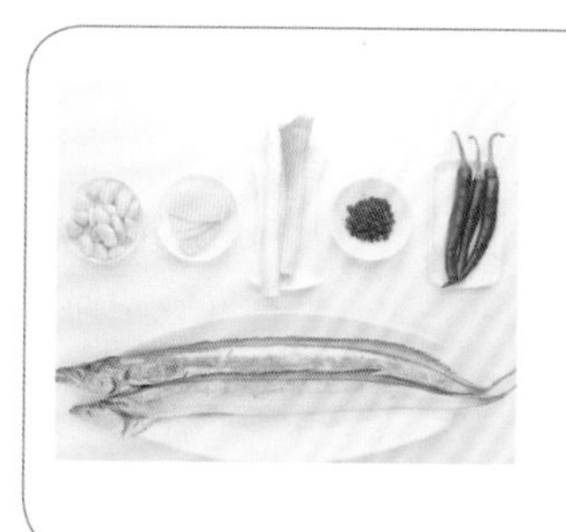

带鱼500克，青尖椒、红尖椒各1个

蒜瓣75克，姜片10克，豆豉、花椒水各2大匙，精盐少许，白糖、料酒、淀粉、植物油各适量

1 青尖椒、红尖椒洗净，去蒂及籽，切成青椒圈和红椒圈；蒜瓣去皮，取少许切成蒜片，剩余蒜瓣剁成末。

2 带鱼放在案板上，刷去带鱼表面杂质（图1），去头、尾和内脏，洗净，切成大块，加上花椒水、料酒及少许精盐拌匀（图2），腌渍片刻。

3 带鱼块沥净水分，抹上一层淀粉，放入烧热的油锅内炸至酥脆，捞出（图3）；把蒜末放入油锅中炸呈浅黄色，捞出成蒜蓉。

4 锅中留少许炸蒜蓉的油烧热，倒入豆豉、蒜片和姜片煸炒片刻（图4），加入料酒、白糖、精盐炒匀，放入带鱼块（图5），用中火烧焖至入味（图6），放入青椒圈、红椒圈和炸好的蒜蓉炒匀即可。

酥醉鲳鱼

原料　调料

鲳鱼500克，小米椒20克

葱丝、姜片各10克，花椒少许，精盐1小匙，味精1/2小匙，五香粉4小匙，白糖1大匙，米醋2小匙，酱油、白酒各2大匙，植物油适量

1. 鲳鱼洗涤整理干净，表面剞上斜刀，加入花椒、精盐、味精、姜片、葱丝拌匀，腌渍20分钟；小米椒洗净，切成米椒圈。
2. 净锅置火上，加入清水、花椒、五香粉、酱油、白糖、米醋、白酒和葱丝，用小火熬煮10分钟成汤汁，出锅，倒在容器内。
3. 锅内加入植物油烧至七成热，放入鲳鱼炸至酥熟，取出，沥油，放入汤汁中浸泡30分钟至入味，食用时捞出，撒上米椒圈即可。

豉椒酱甲鱼

原料　调料

小甲鱼2只

味精、白糖各1大匙，酱油3大匙，酱料包1个(豆豉酱、八角、桂皮、香叶、大葱各适量)

1. 把小甲鱼宰杀，开壳，去除内脏和杂质，洗净血污，放入沸水锅中焯烫一下，捞出，换清水冲净，剁成大块。
2. 净锅置火上烧热，倒入清水，放入酱料包、味精、白糖和酱油，先用旺火煮沸，改用小火煮10分钟成豉椒酱汤。
3. 将小甲鱼块放入豉椒酱汤中，用中火酱煮至熟嫩，离火，凉凉，装入深盘中，淋上少许豉椒酱汤即可。

酱烤多春鱼

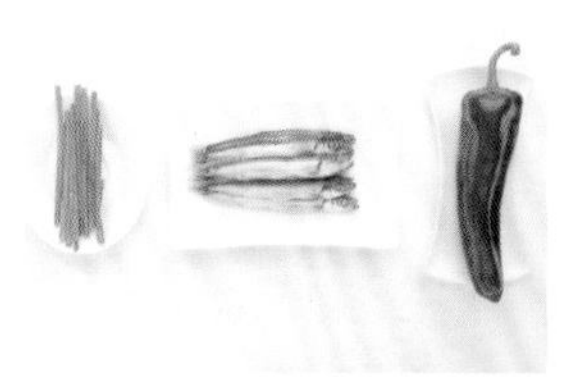

多春鱼400克，红尖椒25克

小葱15克，姜块10克，精盐2小匙，生抽、料酒各1大匙，辣椒酱4小匙，植物油少许

1 小葱洗净，切成小段；姜块去皮，切成片；红尖椒去蒂，去籽，切成细丝。

2 多春鱼洗净，擦净表面水分，放在案板上，去掉鱼头，表面剞上浅一字刀（图1），放在容器内，加上小葱段和姜片（图2），放入精盐、生抽和料酒（图3），腌渍1小时。

3 取烤盘一个，垫上一层锡纸，刷上植物油，摆上多春鱼，放入预热的烤箱内（图4），用中温烤8分钟。

4 取出烤盘，在多春鱼表面刷上辣椒酱（图5），再放入烤箱中（图6），继续烤5分钟至熟香入味，取出，码放在深盘内，撒上红尖椒丝即可。

五香马哈鱼

净马哈鱼500克

大葱、姜末各50克，八角2粒，精盐、味精各1/2小匙，五香粉、玫瑰露酒各2大匙，蚝油、酱油、美极鲜酱油各1大匙，白糖2小匙，茶叶、香油各少许

1 大葱洗涤整理干净，切成末（图1），放入容器中。加入八角、姜末、精盐、味精、五香粉、玫瑰露酒、蚝油、酱油和美极鲜酱油（图2），拌匀成腌料汁。

2 净马哈鱼剔去骨刺（图3），放入清水中浸泡去除异味，取出，擦净水分，放入腌料汁中拌匀（图4），腌渍30分钟。

3 烤盘刷上香油，放上马哈鱼肉（图5），放入预热的烤箱内，用中温烤15分钟至熟，取出鱼肉，放在熏帘上。

4 锅置火上烧热，撒上白糖、茶叶（图6），迅速放上熏帘，盖严盖熏2分钟，离火再闷5分钟，取出马哈鱼块，趁热刷上香油即成。

芒果脆鳝

原料 调料

鳝鱼400克，芒果1个

白糖2大匙，酱油2小匙，植物油适量

1. 芒果剥去外皮，去掉果核，切成小条；鳝鱼剁去头，用尖刀从脊背处片开，去掉脊骨和内脏，放入淡盐水中浸泡以洗去血水。
2. 鳝鱼肉擦净水分，切成5厘米长的段，放入烧热的油锅内炸至酥脆，捞出，沥油。
3. 锅置旺火上烧热，加入少许清水和白糖炒匀，转小火将糖汁翻炒至冒泡且浓稠时，加入酱油搅匀，放入鳝鱼段和芒果条炒匀即成。

烧鱼尾

原料　调料

鲜鱼尾1条，青蒜苗25克

蒜瓣10克，精盐、番茄酱各1小匙，黑胡椒粉少许，白糖、酱油各1大匙，植物油2大匙

1. 青蒜苗择洗干净，切成细丝；蒜瓣去皮，洗净，剁成末；把鲜鱼尾刮去表面鱼鳞，洗净，擦净表面水分。
2. 锅置火上，加入植物油烧热，下入蒜末炝锅，加入番茄酱、精盐、黑胡椒粉、白糖、酱油和适量清水烧沸。
3. 放入鱼尾，用中火烧至汤汁收干，出锅，盛入深盘中，撒上青蒜苗丝即可。

椒盐虾

大虾400克，青椒、红椒各30克，洋葱25克，香葱15克，熟芝麻10克

椒盐1/2大匙，精盐少许，淀粉4小匙，料酒1大匙，植物油适量

1 大虾洗净，从大虾背部片开，去除虾线（图1），放在容器内，加上精盐、料酒和淀粉拌匀。

2 香葱去根和老叶，洗净，切成香葱花；洋葱剥去外层老皮，切成碎粒（图2）；红椒去蒂，去籽，洗净，切成小粒；青椒去蒂，去籽，也切成小粒（图3）。

3 净锅置火上，倒入植物油烧至七成热，放入加工好的大虾炸至色泽金黄，捞出，沥油（图4）。

4 锅内留少许底油，复置火上烧热，放入洋葱粒、红椒粒、青椒粒翻炒均匀（图5），倒入炸好的大虾，加入椒盐炒匀（图6），撒上香葱花和熟芝麻即可。

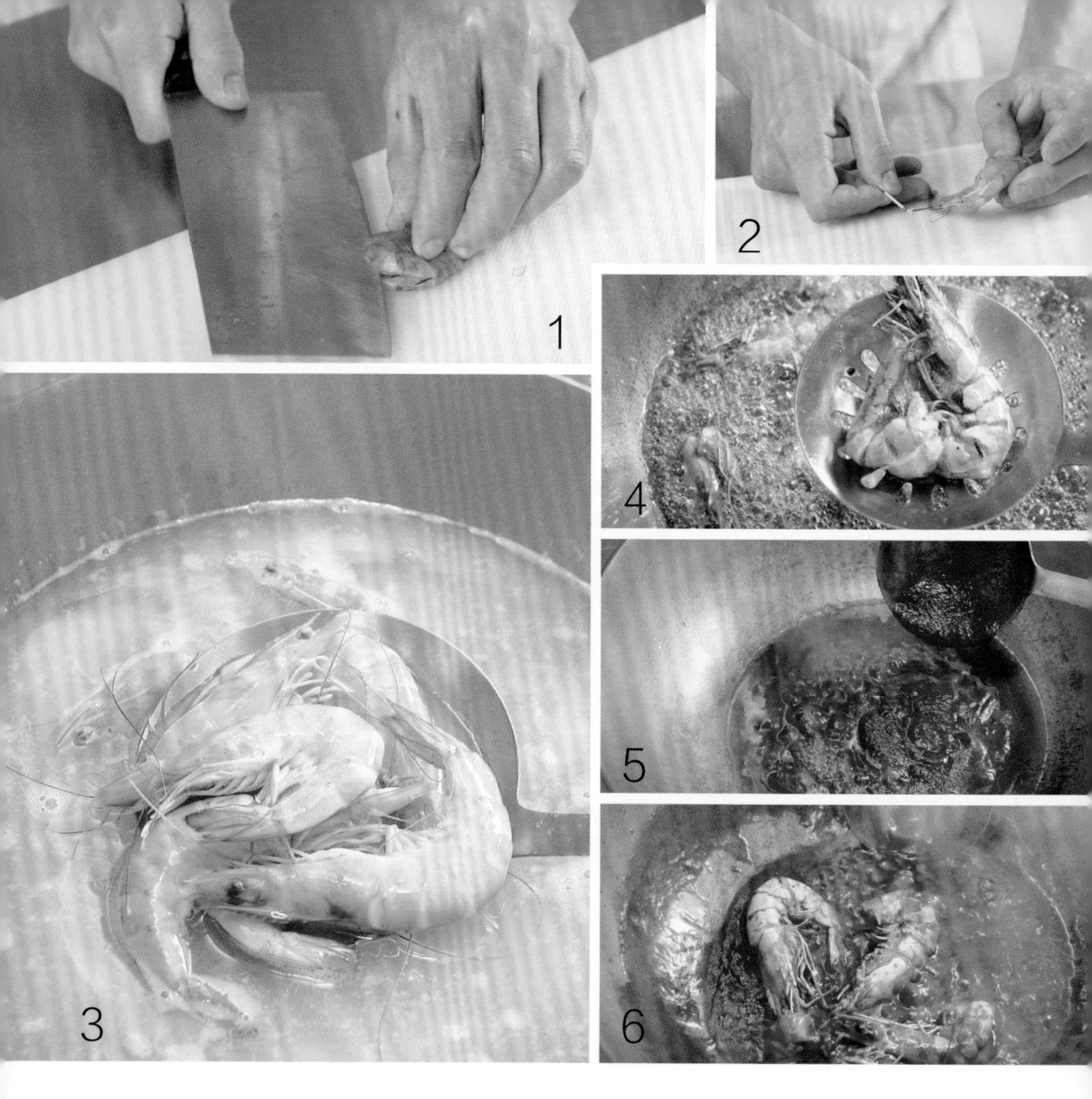

番茄大虾

大虾400克

葱段10克，姜片5克，精盐1小匙，白糖、料酒各1大匙，鸡精1/2小匙，番茄酱2大匙，植物油适量

1 大虾去除虾须，放在案板上，在背部划一刀（图1），去除虾线（图2），洗净，加上少许精盐和料酒略腌。

2 净锅置火上，放入清水、葱段、姜片煮沸，倒入大虾焯烫至变色，捞出大虾（图3），沥净水分。

3 净锅复置火上，加入植物油烧至五成热，倒入大虾炸至熟，捞出（图4），沥油。

4 锅中留少许底油，复置火上烧热，下入番茄酱和少许清水炒出香味（图5），加入精盐、鸡精和白糖炒匀，下入大虾烧至入味（图6），用旺火收浓汤汁即可。

酒醉虾

原料　调料

基围虾400克

大葱、姜块、蒜瓣各10克，黄酒200克，一品鲜酱油1大匙，美极鲜酱油、大红浙醋各1小匙，腐乳汁2小匙，精盐、白糖、胡椒粉各少许

1. 把基围虾刷洗干净，放在容器内，撒上精盐，倒入黄酒拌匀，腌渍1小时成醉虾。
2. 大葱去根和老叶，洗净，切成末；姜块去皮，切成细末；蒜瓣去皮，剁成末，放在小碗内，加上葱末和姜末拌匀。
3. 再放入一品鲜酱油、美极鲜酱油、大红浙醋、腐乳汁、白糖、胡椒粉拌匀成味汁，和醉虾一起上桌即可。

夏日盐香虾

原料　调料

大虾400克

大粒海盐250克，花椒5克

1. 将大虾切去虾须与尖刺，从大虾脊背处片开，用牙签挑出虾线。
2. 净锅置火上烧热，倒入清水煮至沸，放入大虾，用旺火快速焯烫至变色，捞出大虾，擦净表面水分。
3. 净锅置火上烧热，倒入大粒海盐煸炒5分钟，撒上花椒，倒入大虾炒匀，用中火焖3分钟至大虾熟香，出锅上桌即可。

鲜汁拌海鲜

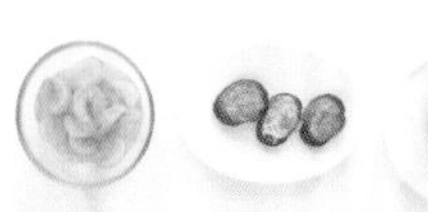

毛蚶200克，海螺150克，鲜虾仁100克，黄瓜适量

精盐1小匙，海鲜酱油、料酒各1大匙，白糖少许，香油2小匙

1. 毛蚶、海螺放入淡盐水中浸泡并刷洗干净，捞出，放入冷水锅内，用旺火煮沸，捞出毛蚶、海螺（图1）。

2. 毛蚶去壳，取毛蚶肉（图2），去掉杂质，每个片成两半；海螺敲碎外壳，取出海螺肉，去掉杂质，洗净，切成大片（图3）。

3. 锅置火上，加入清水、少许精盐和料酒烧沸，倒入鲜虾仁、毛蚶肉、海螺肉（图4），快速焯烫一下，捞出。

4. 黄瓜洗净，切成丝，放在容器内垫底；把虾仁、毛蚶肉、海螺肉放在碗内，加入精盐、海鲜酱油、白糖和香油拌匀（图5），放在盛有黄瓜丝的容器内即可（图6）。

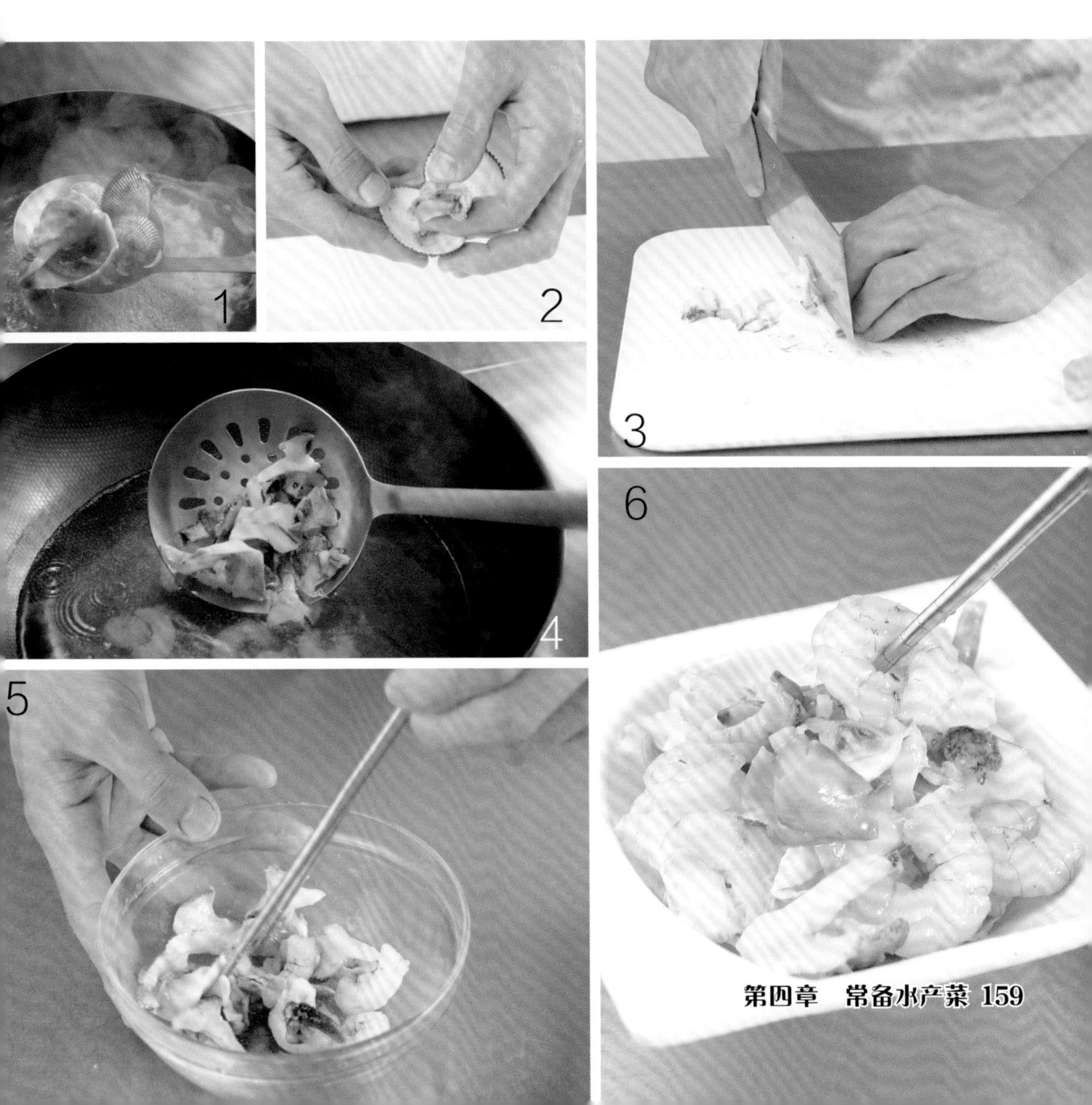

辣炒蚬子

蚬子1000克，香葱15克

葱花、姜块、蒜瓣各5克，精盐1小匙，豆瓣酱、料酒、水淀粉、香油、植物油各适量

1 蒜瓣去皮，切成蒜片（图1）；香葱洗净，切成香葱花；姜块去皮，切成片。

2 将蚬子放在容器内，加入清水和少许精盐浸养，使蚬子吐净泥沙，捞出蚬子，放入清水锅内（图2），用旺火焯烫一下，捞出蚬子（图3），沥净水分。

3 炒锅置火上，放入植物油烧至六成热，加入葱花、姜片、蒜片炝锅出香味，放入豆瓣酱炒匀（图4），倒入焯烫好的蚬子，用旺火翻炒一下。

4 烹入料酒，放入少量清水（图5），加入精盐翻炒片刻，用水淀粉勾芡（图6），淋上香油，撒上香葱花即可。

葱姜炒蟹

原料 调料

螃蟹2只

葱段、姜片各25克，精盐1小匙，胡椒粉、香油各少许，面粉2大匙，水淀粉1大匙，植物油适量

1. 螃蟹开壳，去除内脏，洗净，切成大块，拍匀一层面粉，下入烧至五成热的油锅中炸至熟，捞出，沥油。
2. 锅中留少许底油，复置火上烧热，下入葱段、姜片炒出香味，放入螃蟹块炒匀，添入适量清水烧沸。
3. 加入精盐、胡椒粉，继续翻炒至入味，用水淀粉勾芡，淋入香油即可。

五谷蟹

原料　调料

螃蟹2只

干红辣椒段10克，花椒3克，葱末、姜末各5克，精盐、白糖、豆豉各1小匙，五谷粉、料酒各2小匙，淀粉3大匙，植物油适量

1. 螃蟹开壳，去腮，除去内脏，洗净，切成大块，拍破蟹钳，加入精盐、葱末、姜末、料酒拌匀，腌渍5分钟。
2. 坐锅点火，加入植物油烧至六成热，把螃蟹块、蟹钳拍匀淀粉，放入油锅内炸至变色，捞出，沥油。
3. 锅中留底油烧热，下入干红辣椒段、花椒炒香，加入豆豉略炒，放入螃蟹块、蟹钳，加入料酒、精盐、白糖和五谷粉炒匀即可。

凉拌海蜇头

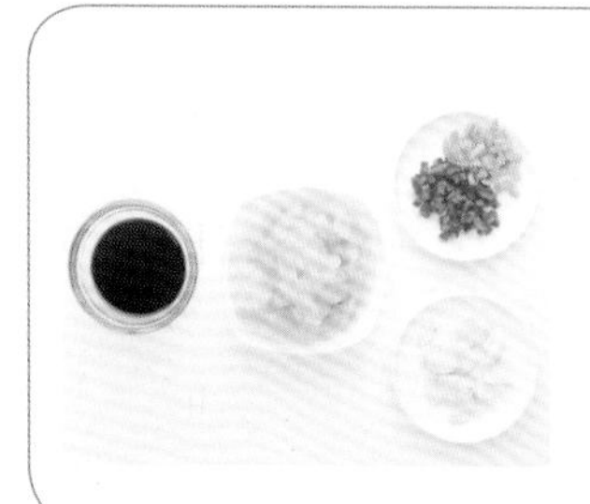

水发海蜇头400克

蒜瓣15克，大葱10克，精盐1小匙，料酒1大匙，米醋2大匙，生抽2小匙，花椒油、植物油各少许

1 将蒜瓣剥去外皮，切成蒜片；大葱洗净，切成小段，放入热油锅中炸至煳，出锅，去掉葱段成葱油。

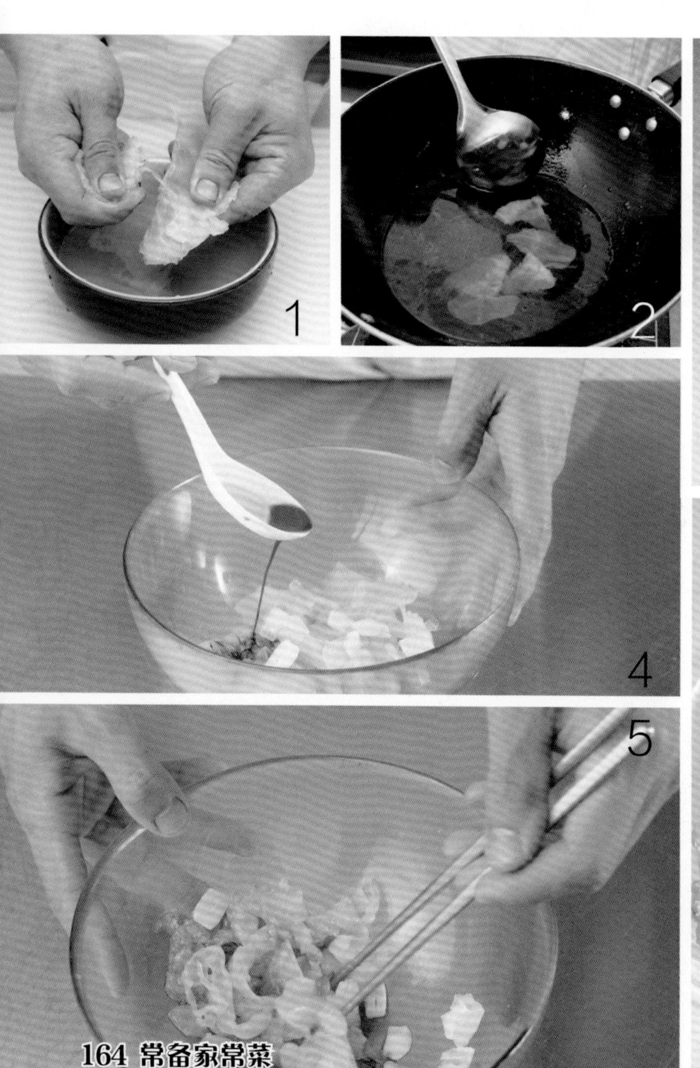

2 水发海蜇头漂洗干净，放在容器内，加上清水揉搓均匀（图1），捞出。

3 净锅置火上烧热，加入清水和料酒烧煮至微沸，倒入水发海蜇头（图2），用旺火快速焯烫一下，捞出，过凉，沥水，片成小片。

4 水发海蜇头放在容器内，加入蒜片（图3），放入精盐、生抽和米醋（图4），加入花椒油和葱油拌匀（图5），放入冰箱内冷藏保存，食用时取出，装盘上桌即可（图6）。

酱烧海参

水发海参500克，油菜心125克

葱段50克，姜块15克，小茴香10克，八角2粒，陈皮、草果、香叶各3克，精盐1大匙，味精少许，白糖、甜面酱、酱油、清汤各适量

1. 坐锅点火，放入白糖及少许清水用小火熬至暗红色。加入少许清水煮沸，出锅，凉凉成糖色。
2. 水发海参去除内脏和杂质（图1），洗净，放入清水锅内（图2），旺火快速焯烫一下，捞出海参（图3），沥水；净油菜心放入沸水锅内焯至熟，捞出，码放在盘内。
3. 净锅置火上，添入清汤，放入葱段、姜块煮至沸（图4）。放入小茴香、八角、陈皮、草果、香叶煮5分钟，加入糖色、精盐、味精、甜面酱和酱油（图5），小火煮出香味。
4. 放入水发海参（图6），用小火酱烧5分钟，转旺火将酱汤收至浓稠，出锅，倒在盛有油菜心的盘中即可。

海参蹄筋

原料　调料

水发海参300克，水发牛蹄筋250克

葱段100克，精盐、酱油各1小匙，味精、鸡精各少许，蚝油、水淀粉、清汤、植物油各适量

1. 水发海参洗涤整理干净，切成长条；水发牛蹄筋洗净，切成条。
2. 净锅置火上，加入植物油烧热，下入葱段炒出香味，添入清汤，放入水发海参条和水发牛蹄筋条烧沸。
3. 加入蚝油、精盐、味精和鸡精，用小火烧至入味，放入酱油烧至上色，用水淀粉勾薄芡，出锅上桌即可。

红酒螺片

原料　调料

海螺干100克

精盐1小匙，白糖、酸梅酱各1大匙，蜂蜜2小匙，红葡萄酒250克

1. 将海螺干洗净，放入温水中浸泡至软，取出，放入沸水锅中煮至熟，捞出海螺，过凉，沥净水分，切成大片。
2. 把红葡萄酒、精盐、白糖和蜂蜜放入容器中调匀，制成红酒卤汁。
3. 将海螺片放入红酒卤汁中拌匀，浸卤2小时至入味，放入冰箱中保鲜，食用时取出，带酸梅酱一起上桌即可。

家
团
圆

第五章

常备主食

红豆粥

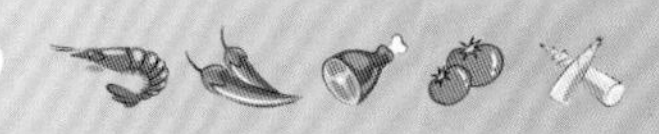

红豆75克，大米50克

冰糖3大匙

1. 将红豆淘洗干净，放在容器内，加入清水（图1），浸泡4小时；大米淘洗干净，放在另一容器内，倒入适量的清水（图2），浸泡30分钟。

2. 净锅置火上，放入足量清水，加入淘洗好的红豆（图3），用旺火煮至沸，撇去浮沫，改用小火熬煮20分钟。

3. 倒入大米（图4），继续用小火熬煮30分钟至豆熟、米烂（图5），加入冰糖，改用旺火熬煮至浓稠（图6），出锅上桌即可。

奶香玉米饼

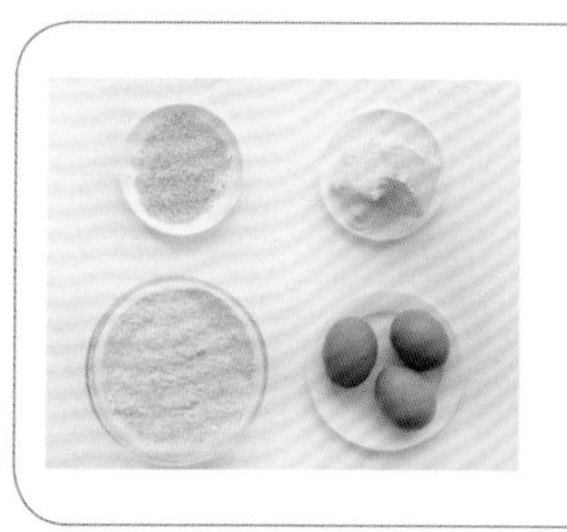

玉米粉400克，鸡蛋3个，熟芝麻15克

奶油50克，白糖3大匙，植物油2大匙

1 把玉米粉过细箩，倒入大碗中（图1），先加入奶油，再放入白糖搅拌均匀（图2）。

2 把鸡蛋磕入盛有玉米粉的大碗内（图3），加入4大匙清水，再加上熟芝麻，搅拌均匀成玉米糊（图4）。

3 平底锅置火上，倒入植物油烧至五成热，用手勺取少许调好的玉米糊，倒入平锅内摊成圆形玉米饼（图5）。

4 待把玉米饼一面煎至上色时，翻面（图6），继续把玉米饼两面煎烙至色泽金黄，取出玉米饼，码放在盘内，直接上桌即可。

椒香花卷

原料　调料

面粉500克，红椒粒25克

大葱25克，精盐1小匙，泡打粉2小匙，十三香粉1/2小匙，植物油2大匙

1. 大葱去根和老叶，切成葱花；面粉中加入泡打粉拌匀，倒入适量的温水，和成软硬适度的面团，饧20分钟。
2. 把面团放在案板上，擀成大薄片，刷上一层植物油，涂抹上精盐、十三香粉，撒上红椒粒和葱花。
3. 由外向里卷叠三层，切成条状，用手拧成花卷生坯，摆入蒸锅内，用旺火蒸约15分钟至熟，取出上桌即成。

桂花酥

原料　调料

面粉（蒸熟）600克，芝麻50克

面肥、小苏打各少许，白糖200克，桂花酱1大匙，植物油3大匙

1. 将白糖、植物油、桂花酱、面肥、小苏打放入盆中搅拌均匀，加入蒸熟的面粉搅匀，倒入沸水烫成面絮，揉搓均匀成面团，盖严湿布，略饧。
2. 将面团放在案板上揉匀，擀成片，刷上少许植物油，再用模具压成直径约5厘米的圆形，撒上芝麻制成桂花酥生坯。
3. 烤盘上刷一层植物油，放入桂花酥生坯，放入预热的烤箱内，以180℃烤至生坯鼓起，呈金黄色，取出，直接上桌即可。

南瓜杂粮饭

南瓜1个，红豆100克，绿豆75克，大米、小米各50克，黑米40克，糯米30克

1 把南瓜洗净，先从上面1/5处下刀（图1），切开成盖，再把南瓜挖去瓜瓤（图2），洗净成南瓜盅（图3）。

2 将红豆、绿豆、黑米、小米、糯米、大米淘洗干净，分别放在容器内浸泡；红豆、绿豆浸泡10小时；黑米浸泡2小时；小米、糯米、大米浸泡1小时。

3 将泡好的红豆、绿豆、黑米、小米、糯米和大米沥净水分，放在干净容器内搅拌均匀成什锦杂粮，倒入南瓜盅内（图4），加入适量的清水淹没杂粮。

4 蒸锅内加上清水，置火上烧沸，把南瓜盅放在蒸锅的箅子上，盖上南瓜盖（图5），用旺火、沸水蒸30分钟至熟，揭开南瓜盖（图6），直接上桌即成。

豆沙面包

高筋面粉、低筋面粉各400克，豆沙馅250克，酵母10克，牛奶250克，黄油100克，面包改良剂少许，鸡蛋2个

白糖3大匙

1 高筋面粉、低筋面粉、酵母、面包改良剂、牛奶、白糖和黄油倒入和面机中，磕入鸡蛋（图1）。

2 再加入适量的清水，用中速搅拌均匀成面团（图2），取出，盖上湿布饧发90分钟，放在案板上搓揉均匀，切成每个50克重的面剂，擀成长方形面片（图3）。

3 长方形面片上抹匀一层豆沙馅（图4），卷成长条状，用刀从中间割开（图5），再卷成花形，放入纸杯中成豆沙面包生坯。

4 把豆沙面包生坯饧发45分钟，放入烤箱中（图6），以上火200℃、下火180℃烘烤20分钟至熟香即可。

全麦吐司

原料　调料

全麦粉1000克，高筋面粉500克，黄油100克，酵母、面包改良剂各少许

精盐少许

1 全麦粉、高筋面粉、酵母、面包改良剂、精盐、清水和黄油放入搅拌器内，用快速档搅拌10分钟至面团光滑，取出。

2 面团搓成长条，分成每个重500克的面剂，饧发60分钟，挤出面剂中的气泡，用压面机压成大面片，再把面片卷成长条形。

3 把长条形面片装入吐司模具内，放入饧发箱内饧发，待完全饧发后，放入预热的烤箱内烤至上色，取出上桌即可。

芝士巧克力饼干

原料　调料

奶油芝士250克，面粉150克，白巧克力碎100克，鸡蛋、黄油各50克，苏打粉3克

精盐少许，白糖75克

1. 将黄油、白糖放入容器内，混合搅拌5分钟，磕入鸡蛋混合均匀，然后加入面粉、苏打粉、精盐搅拌均匀，最后加入奶油芝士和白巧克力碎拌匀成面团。
2. 将面团搓成直径4厘米的长棍形状，放入冰箱内冷藏保鲜2小时，取出。
3. 把面团切成0.5厘米厚的圆片，摆放在烤盘上，放入预热的烤箱中，用180℃的炉温烘烤12分钟即成。

双色饼干

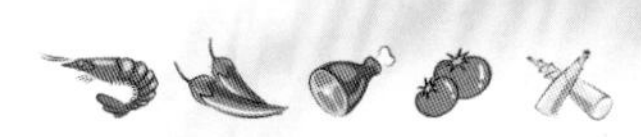

面粉300克，黄油150克，鸡蛋清100克，香草油、可可粉各少许

精盐少许，白糖100克

1 将黄油、白糖混合搅拌5分钟，再加入鸡蛋清混合均匀，然后加入香草油、精盐和面粉（图1），用尺子搅拌均匀成面团（图2）。

2 取出1/2的面团，加入可可粉（图3），揉搓成棕色面团；分别将白色面团和棕色面团擀成长方形面片。

3 在两种两片中间刷上少许鸡蛋清（图4），粘在一起，卷成直径5厘米的长棍形状（图5）。

4 放入冰箱冷冻室内冷冻2小时，取出，切成圆片（图6），摆在烤盘上，放入烤箱内，用180℃的炉温烘烤12分钟，取出上桌即成。

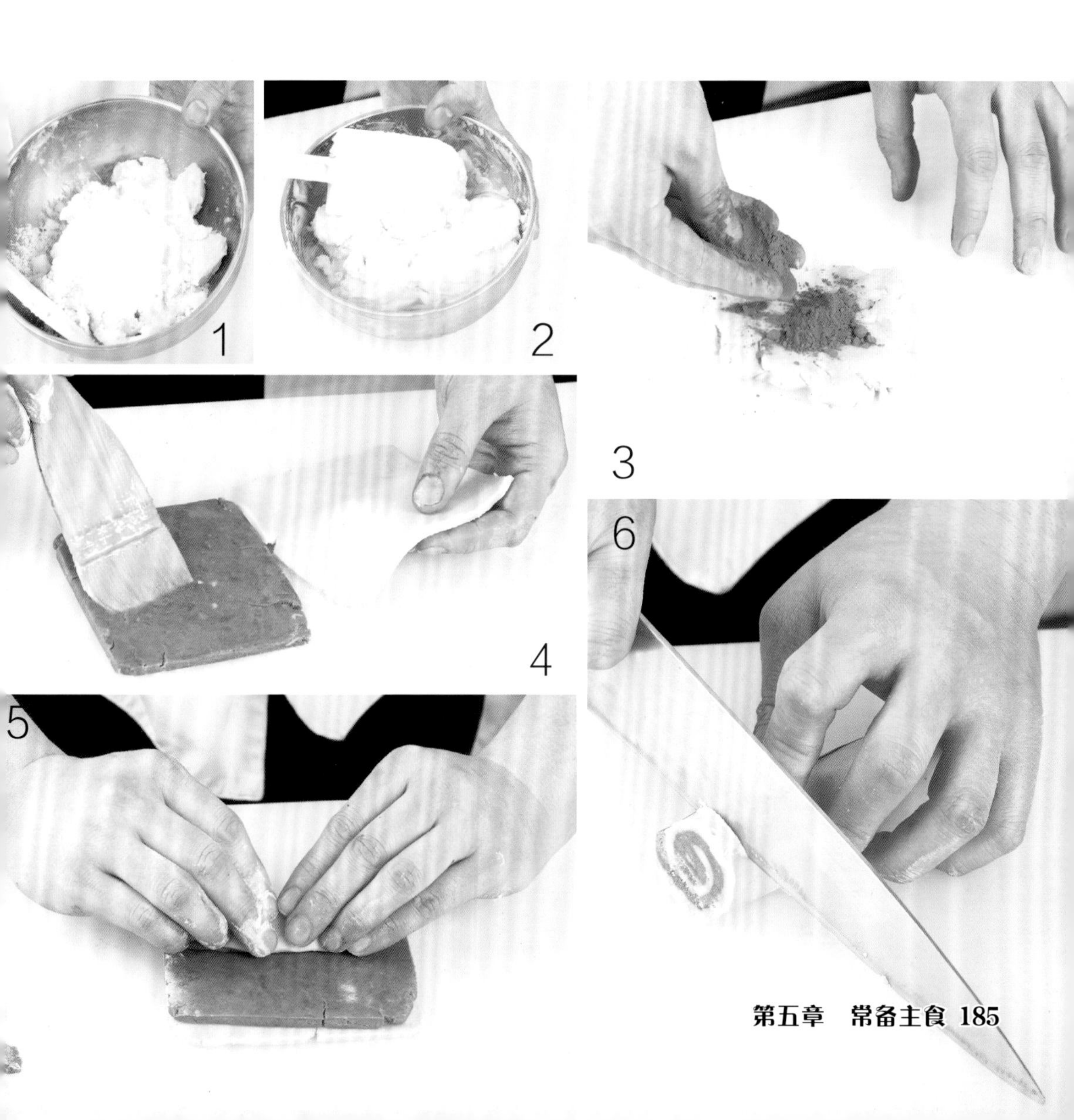

风味曲奇

低筋面粉400克，鸡蛋2个

黄油、白糖各150克，各色奶油、巧克力酱各少许

1 将黄油、白糖放入搅拌器内打发，逐个加入鸡蛋，继续打发，加入低筋面粉搅匀成面团（图1）。

2 将打好的面团倒在案板上（图2），用擀面棍擀成长方形薄片（图3）。

3 用滚轮在面片上稍滚几下（图4），再用饼干模具在长方形面片上扣成各种不同的形状（图5），制成风味曲奇生坯，摆放在烤盘中（图6）。

4 把各色奶油、巧克力酱分别装入裱花袋中，挤在曲奇生坯表面加以装饰，放入预热的烤箱中烤至熟透，取出，凉凉，直接上桌即可。

可可曲奇

原料　调料

面粉400克，黄油250克，鸡蛋2个，可可粉50克，香草油3克

精盐少许，白糖150克

1. 将黄油、白糖放入容器内，混合搅拌5分钟，再磕入鸡蛋，加上香草油混合均匀。
2. 加入面粉、可可粉和精盐，用中速搅打均匀成浓糊状，装入裱花袋中，在烤盘上挤出圆饼状成曲奇生坯。
3. 把曲奇生坯放入预热的烤箱内，用180℃的炉温烘烤12分钟，取出上桌即成。

绿茶曲奇条

原料　调料

面粉300克，黄油250克，鸡蛋100克，绿茶粉20克

精盐少许，白糖125克

1. 将黄油放入容器内，加入白糖混合，搅拌约5分钟，磕入鸡蛋混合均匀。
2. 然后加入面粉、绿茶粉和精盐，用手轻轻搅拌均匀成曲奇糊，注意不可长时间搅拌以避免粉料上劲。
3. 将曲奇糊装入裱花袋中，在烤盘上挤成6厘米长的条形成曲奇条生坯，放入预热的烤箱内，用180℃的炉温烘烤12分钟即成。

鸡肉蘑菇包

原料　调料

高筋面粉1000克，鸡肉丁250克，蘑菇丁150克，低筋面粉100克，马苏里拉芝士条、洋葱碎粒、酵母、黄油、鸡蛋、牛奶各适量

精盐1小匙，木糖醇适量，植物油2大匙

1 锅内加上黄油和植物油烧热，放入洋葱碎粒、鸡肉丁、蘑菇丁煸炒至熟，加入精盐炒匀，出锅，凉凉成馅料。

2 高筋面粉、低筋面粉、酵母、精盐和木糖醇放入搅拌机内（图1），以慢速档搅拌并加入清水、鸡蛋和牛奶搅成面团，改用快速档搅拌10分钟，加入黄油搅至面团光滑。

3 把面团揉均匀（图2），分成小面团，搓成圆形（图3），饧发30分钟，擀成正方形，放入馅料（图4），包成正方形，封口（图5），放入饧发箱内直至完全饧发。

4 表面刷上少许鸡蛋液（图6），撒上马苏里拉芝士条，送入烤箱，用中温烘烤至上色即成。

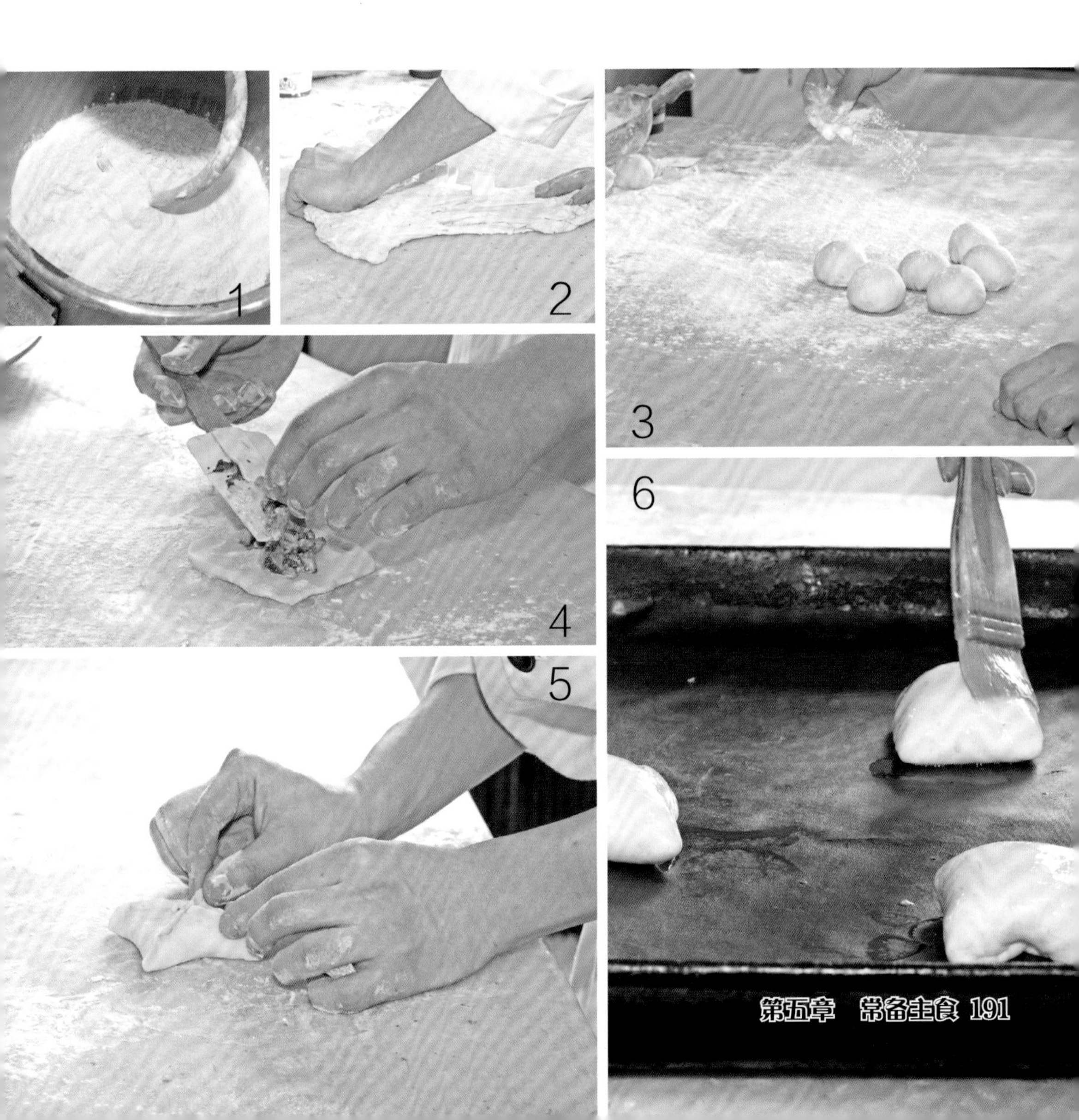

图书在版编目(CIP)数据

常备家常菜 / 李光健主编. -- 长春 : 吉林科学技术出版社, 2020.10
ISBN 978-7-5578-7677-7

Ⅰ. ①常… Ⅱ. ①李… Ⅲ. ①家常菜肴－菜谱 Ⅳ. ①TS972.127

中国版本图书馆CIP数据核字(2020)第196547号

常备家常菜

CHANGBEI JIACHANGCAI

主　　编　李光健
出 版 人　宛　霞
责任编辑　穆思蒙
助理编辑　张恩来
封面设计　雅硕图文工作室
制　　版　雅硕图文工作室
幅面尺寸　172 mm × 242 mm
开　　本　16
印　　张　12
字　　数　200千字
印　　数　1-5 000册
版　　次　2020年10月第1版
印　　次　2020年10月第1次印刷
出　　版　吉林科学技术出版社
发　　行　吉林科学技术出版社
地　　址　长春市福祉大路5788号出版集团A座
邮　　编　130118
发行部电话/传真　0431-81629529　81629530　81629531
81629532　81629533　81629534
储运部电话　0431-86059116
编辑部电话　0431-85610611
印　　刷　吉林省创美堂印刷有限公司
书　　号　ISBN 978-7-5578-7677-7
定　　价　49.80元